GANHANQU DADOU
GAOXIAO ZAIPEI SHIYONG JISHU

干旱区大豆
高效栽培实用技术

● 杨海昌　邵建荣　朱倩倩　张凤华　著 ●

U0306696

中国农业科学技术出版社

图书在版编目（CIP）数据

干旱区大豆高效栽培实用技术／杨海昌等著．--北京：中国农业
科学技术出版社，2024.5
ISBN 978-7-5116-6812-7

Ⅰ.①干…　Ⅱ.①杨…　Ⅲ.①干旱区-大豆-高产栽培-栽培技术
Ⅳ.①S565.1

中国国家版本馆 CIP 数据核字（2024）第 095881 号

责任编辑　李冠桥
责任校对　王　彦
责任印制　姜义伟　王思文

出 版 者	中国农业科学技术出版社
	北京市中关村南大街 12 号　　邮编：100081
电　　话	（010）82106632（编辑室）　　（010）82106624（发行部）
	（010）82109709（读者服务部）
网　　址	https://castp.caas.cn
经 销 者	各地新华书店
印 刷 者	北京建宏印刷有限公司
开　　本	170 mm×240 mm　1/16
印　　张	11
字　　数	183 千字
版　　次	2024 年 5 月第 1 版　2024 年 5 月第 1 次印刷
定　　价	60.00 元

《干旱区大豆高效栽培实用技术》
著者名单

主　　著：杨海昌　邵建荣　朱倩倩　张凤华

副 主 著：周中凯　马红红　马晓鹏　安　琪
　　　　　魏亚媛

参著人员：周文宇　彭梓程　贾淯鑫　肖欣茹
　　　　　李帅豪　吴湘琳　扁青永　林　玲

目　　录

第一章　高产大豆的生理生化特性

第一节　大豆的生理特性

一、大豆的形态和构造

在田间条件下，当播种层地温稳定在 8℃ 以上，土壤田间持水量达到 70%~80%时，播下的大豆种子即可萌动发芽。胚根先端首先突破珠孔区的种皮，由于受向地性的作用，胚根向下进入土壤，接着，根、茎、叶、花、荚、种子先后出现。

1. 根

大豆根系由主根、侧根和根毛三部分组成。主根由胚根发育而成。侧根从地表以下 5~8 厘米主根上分生而成。

大豆根系分泌物诱使根瘤菌侵入根部形成根瘤，一般在第一对单叶展开时就有根瘤形成，但固氮量很少。从初花开始，固氮量渐增。在结荚鼓粒期，单株固氮量最多。

2. 茎

大豆的茎部结构包括主茎和分枝，这两者均源于胚轴。在栽培的品种中，主茎的特征尤为明显，其高度变化范围广泛，通常在 50~100 厘米，但也有矮的仅 30 厘米，高的则可达 150 厘米。幼茎的颜色有绿、紫两种，它们与花朵的颜色相对应，绿茎开白花，紫茎则开紫花。成熟时，茎的颜色会发生变化，呈现出淡褐、褐、深褐等多种色彩。主茎上会长出分枝，分枝的数量会因品种和栽培条件的不同而有所差异。根据分枝的数量和荚的分布情况，大豆可被划分为三种类型：主茎型、中间型以及分枝型。

3. 叶

大豆为双子叶植物，其叶片有多种类型，包括子叶、单叶、复叶和先出叶。在生长过程中，大豆的单株叶面积会随着生育阶段持续增大，至盛花至结荚期达到最大值。随后，底部叶片逐渐变黄并脱落，导致叶面积逐渐减小，直至成熟时叶片完全脱落。

4. 花

大豆的花序为总状花序，花朵密集排列在花序之上。花朵的结构包括 2 个苞片、5 个花萼、5 个花瓣、10 枚雄蕊和 1 枚雌蕊。

大豆的花芽源于腋芽。关于其分化过程，众多学者已有深入研究。通常，这一过程可分为六个阶段：花芽原基的形成、花萼的分化、花瓣的分化、雄蕊的分化、雌蕊的分化，以及胚珠、花药和柱头的形成。

大豆是一种自花授粉作物，它在花朵开放之前就已经完成了授粉和受精过程，因此其天然杂交率极低，不到1%。尽管大豆植株能产生大量的花，但花和蕾的脱落率也相当高，通常在30%~50%，有时甚至高达70%以上。

5. 荚

大豆果实为荚果，由受精后的子房发育而成，单独或成簇着生在叶腋内、短果枝上、分枝上和植株的顶端。

在花朵绽放后的首个 10 天，豆荚的长度大致为 1.3 厘米。紧接着的一周，豆荚的长度增长显著，日均增长大约 0.4 厘米。大约在花开后的 20 天，豆荚的长度已接近其最终长度的 90%，此后其增长速度明显放缓。待到花开后的 40 天左右，豆荚的长度达到顶峰。而豆荚的长度与宽度的变化则遵循着"慢增长—快速增长—慢增长"的模式，特别是在花开后的 30 余天，豆荚的宽度会达到最大值。

6. 种子

大豆种子由种皮、子叶和胚组成，无胚乳。胚是由胚囊内的卵细胞受精后逐渐形成的。大豆开花后 20~40 天粒重的增长占总粒重的 70%~80%，多数品种在开花后 35~45 天籽粒增重最快。

大豆种子形成期间，脂肪和蛋白质同时积累，但脂肪的快速增长比蛋白质快速增长早。有测定结果表明，在籽粒形成过程中，脂肪的百分含量一直呈增加趋势，自第 1 次取样（此时籽粒大小类似辣椒籽）后第 2 周即开始快速增长，只是在籽粒成熟时略有下降。而蛋白质的百分含量则呈"高—低—高"的动态变化：在第 1 次取样后 3~5 周，蛋白质含量很低，而后逐渐增长，直至籽粒成熟。

二、结荚

大豆的结荚习性大致可分为三种类型：无限、有限和亚有限。具有无限结荚习性的大豆，其茎秆尖削，始花期较早且花期较长，这使得营养生长和生殖生长并行的时间相对较长。相反，有限结荚习性的大豆始花期较晚，花期相对集中，在茎生长停止后才开始结荚，因此营养和生殖生长并行的时间较短。而亚有限结荚习性则处于两者之间，此类大豆的主茎发达，结荚数量较多。

大豆结荚习性在地理分布上呈现出明显的规律和地域性。通常，南方雨水充沛、生长季长，有限性品种较多；北方雨水较少、生长季短，无限性品种占多数。然而，在某些特定地区，土壤肥沃、雨水充足的地方更适宜种植有限性品种；而干旱少雨、土壤贫瘠的地方则宜选择无限性品种；雨量适中、土壤肥力中等的地区可选用亚有限性品种。不过，这一规律并非绝对，实际种植时还需综合考虑多种因素。

第二节　大豆的种植要求

一、大豆对环境条件的要求

1. 光照

（1）光照强度。大豆是喜光作物，其光饱和点受通风状况影响，在不同通气量下有所变化。尽管单株叶的光补偿点测定数据存在，但据此判断大豆植株耐阴性并不准确。在田间实际环境中，大豆群体冠层光照分布极不均匀，中下层光照不足，叶片主要依赖散射光进行光合作用。

（2）日照长度。大豆的生长对日照时长高度敏感，尤其在开花结实阶段，更偏好长夜短日的条件。不同品种的大豆均有其特定的适宜日照长度，过长或过短的日照都会影响到它们的开花时间。需要指出的是，短日照虽能促使大豆从营养生长转向生殖生长，但并非其整个生长周期的必要条件。因此，深入了解大豆的光周期特性对于引种和种植管理至关重要。在同纬度地区间引种大豆通常较为顺利，但跨纬度引种时，由于日照条件的变化，可能会导致大豆生育期的改变，这在实际操作中需特别留意。

2. 温度

大豆是喜温作物，不同品种所需积温差异大。春季播种层地温稳定在10℃以上时，种子开始萌动。夏季平均气温24~26℃最适宜大豆生长，而温度低于14℃则生长停滞。大豆不耐高温，超过40℃会显著减少坐荚率。同时，大豆在苗期和开花期对低温敏感，但幼苗具有一定的抗寒和补偿能力。成熟期植株对低温的抗性增强，短时间的初霜虽能冻死叶片，但籽粒重量仍可继续增加。

大豆作为喜温作物，其生长对温度有着特定要求。不同品种的大豆所需积温差异显著，适宜的生长温度范围也各不相同。在春季，当地温稳定在10℃以上时，大豆种子开始萌动。而在夏季，平均气温在24~26℃时，大豆的生长最为旺盛。然而，大豆并不耐高温，当温度超过40℃时，其坐荚率会显著下降。此外，大豆在苗期和开花期对低温较为敏感，但幼苗阶段表现出一定的抗寒和补偿能力。到了成熟期，大豆植株对低温的抗性会有所增强，即使遭遇短时间的初霜，虽然叶片会受到冻害，但籽粒的重量仍可继续增加。

3. 水分

大豆产量与降水量密切相关，不同生育时期对水分的需求各异。东北春大豆区降水量适中时产量最高，过多或过少均会导致减产。黄淮海流域夏大豆区在播种期和鼓粒期若遇水分不足，会限制播种和影响产量。大豆形成干物质需大量水分，但土壤过湿也不利于其生长。因此，合理灌溉和排水对保证大豆正常生长和提高产量至关重要。

大豆的产量与降水量有着紧密的联系，不同生长阶段对水分的需求也各不相同。在适宜的降水量条件下，大豆的产量往往能够达到最佳。然而，过多的降水或干旱都可能对大豆的生长产生不利影响，导致减产。因此，在种植大豆时，我们需要根据当地的气候条件和大豆的生长需求，合理地进行灌溉和排水，以确保大豆能够正常生长并获得高产。

4. 土壤

大豆在土壤条件方面相对宽容，但最适宜的生长土壤是深厚且富含有机物质的。大豆的土壤适应性较强，无论是沙质土还是黏土，都能生长，但其中以壤土为最佳。对于土壤的酸碱度，大豆偏爱中性环境，理想的 pH 值范围应维持在 6.5~7.5。如果土壤过酸（pH 值低于 6.0），可能导致钼元素的缺乏，不利于根瘤菌的生长；而过碱（pH 值高于 7.5）则可能导致铁、锰元素的不足。此外，大豆对盐碱土壤较为敏感，土壤中总盐量和氯化钠含量过高，均会对大豆的生长产生不良影响。

大豆的根系能够吸收多种矿质营养，包括氮、磷、钾、钙、镁、硫、氯以及多种微量元素如铁、锰、锌、铜、硼、钼、钴等。尽管微量元素在大豆植株中的含量较低，但这些元素对大豆的生长和品质提升至关重要。尽管多数土壤中的微量元素含量能满足大豆的基本需求，但近年来的研究表明，适量补充这些微量元素不仅可以提高大豆的产量，还能改善其品质。因此，在种植大豆时，合理调整土壤条件并适当补充矿质营养，是提升大豆产量和品质的关键。

二、大豆的光合特性

大豆是短日照作物，在由营养生长向生殖生长转化时，要求连续黑暗的时间相对较长，在短日照条件下完成光照阶段以后，才能正常开花结实；短日照条件得不到满足时，植株高大繁茂，延迟开花成熟，甚至不能开花结荚。但是，在缩短日照的条件下，植株会提早开花结荚，植株变得矮小，繁茂性差，产量降低。

当第一片复叶出现时，即为短日照反应开始时期。经过 10 多天后即可满足其对短日照的要求。四叶期以后随着苗龄的增加，短日照处理的效果会逐渐降低。

大豆对短日照的反应随着不同的品种类型和不同地区而异。通常短日性强的晚熟品种要比短日性弱的早熟品种需要的短日照天数较多。一般早熟品种以现蕾为光照阶段结束的标志，而晚熟品种在现蕾以后仍需要一段时间的短日照才能完成光照阶段而正常开花。高纬度地区夏季日照时间较长，长期在这种环境条件下生长的大豆都是属于短日性弱的早熟大豆，即使在日照长达15小时仍能开花结实；而我国南方低纬度地区，夏季日照时数较短条件下形成的品种，多属于晚熟、短日性强类型，要求较短的光照条件，14小时以上的日照就不能开花结实。在同一地区由于播种期不同而形成的不同类型的品种，对光照长短的反应也存在着明显的差别。春大豆是在长日照条件下开花成熟的，属于短日性弱的类型；秋大豆则是在短日照条件下开花结实的，属于短日性强的品种；夏大豆介于两者之间。

大豆的这种短日照光周期特性在生产实践中主要应用在引种上，同纬度地区引种生育期近似的品种，问题是不大的，如黑龙江省的黑农39号品种，引至新疆种植时，增产效果就很好。在不同纬度间引种时，如南种北引，因受夏季长日照的影响，植株繁茂，延迟开花成熟或不能开花，只能作为饲料；北种南引作为春播时，因光照条件变化不大，尚能成功。如作为夏播材料时，因在南方短日照条件下很快完成光照阶段，开花结实提早，所以植株矮小，产量较低。

一般夏大豆南种北引时，尤其要注意品种特性和纬度差别。早熟种引种范围较晚熟种宽。夏大豆南种北引时，其适应的纬度范围是1°~1.5°，相当于南北距离50~75千米的范围。掌握这一规律会有助于大豆引种成功。

三、大豆品种的划分

大豆品种的生态型是指在特定的耕作制度与自然条件下，经过人们长期的定向选择栽培，逐渐形成的与环境条件相适应的品种类型。按照生育性状和品种的特征特性，可将大豆的品种生态型分为：生育期生态型、结荚习性生态型、籽粒大小生态型、品质生态型等。由于自然条件的变化具有一定规律性，因此大豆的品种生态型也有一定的分布规律。掌握这些规律，对大豆的引种、品种资源的收集、大豆栽培区划、育种目标的确立、栽培措施的适当运用及耕作制度的改进，都是十分有意义的。王金陵等（1957）将我国的大豆生育期生态型分布划分为以下7个类型。

（1）极早熟类型。短日性极弱，在不断光照下可正常开花成熟。

（2）早熟类型。短日性甚弱，在不断光照下能开花，但对 18 小时以上的长光照有明显的反应。

（3）中早熟类型。短日性仍甚弱，在不断光照下能开花，但开花期大为延迟。

（4）中熟类型。短日性明显，在不断光照下不能开花。多数为种植于山海关内春大豆区的南部及淮河以北的夏大豆。

（5）中迟熟类型。短日性十分明显，在 17~18 小时光照下难以开花。如种植于江淮地区的北部及陕南诸地区的夏大豆。

（6）迟熟类型。短日性强，在 15~16 小时光照下难以开花。如长江流域的夏大豆。

（7）极迟熟类型。短日性极强，在 14.5 小时以下光照或短光照处理（10 小时光照）不足 9~12 天的情况下，就不能开花。如南方地区的秋大豆及两广福建一带低海拔地区的夏大豆。

籽粒大小生态型的分布也与大豆生育的环境条件密不可分。小粒大豆品种对不良环境条件（瘠薄、干旱等）的耐性较好，因此生育环境条件不良的地区，一般种植小粒型大豆，而自然条件好、土壤较肥沃、水分供应较充足的地区，一般尽可能种植经济价值较高、籽粒较大（百粒重 18~22 克）的黄皮大豆。一般而言，东北地区生育条件较好的平川地带，百粒重 18~22 克的品种分布较广，但东北的西部干旱盐碱地区种植的品种，百粒重多为 13~16 克。由于干旱和土壤瘠薄，陕晋北部黄土高原地区的春大豆一般为小粒类型，而长江流域一些蔬菜用的大豆百粒重近 40 克。

品质生态型：大豆品质与生态环境紧密相关，我国大豆品质的分布规律，一般为南方的大豆蛋白质含量较高，油分含量较低，而北方的大豆油分含量较高，蛋白质含量较低。据统计分析，东北产区大豆的油分含量为 19%~22%，蛋白质含量 37%~41%；黄淮平原产区大豆的油分含量为 17%~18%，蛋白质含量 40%~42%；长江流域产区大豆的油分含量为 16%~17%，蛋白质含量 44%~45%。

第三节 大豆产量

一、大豆产量形成的基础

1. 光合作用

（1）在光合速率方面，大豆作为 C3 作物的代表，其光合速率相对较低，不同品种间存在显著差异。杜维广等的研究揭示，24 个品种中，光合速率最低为 11 毫克（CO_2）／（平方分米·小时），最高可达 40 毫克（CO_2）／（平方分米·小时），平均值为 24.4 毫克（CO_2）／（平方分米·小时）。特别地，结荚期是大豆光合速率的高峰期，如小金黄 1 号在结荚期的光合速率显著提升。单个叶片的光合速率随着叶面积扩大而逐渐增强，至叶面积最大时同化能力达到顶峰，随后逐渐减弱。一天中，大豆的光合速率呈现早晨和傍晚低、中午高的特点，但值得注意的是，作物叶片的光合速率与产量之间并非始终具有稳定的正相关关系。

（2）在光呼吸方面，大豆展现了较高的光呼吸速率，其光合作用所固定的 CO_2 中有 25%～50%会被光呼吸所消耗。郝硒斌等的测定显示，大豆的光呼吸速率介于 4.57～7.03 毫克（CO_2）／（平方分米·小时），占饱和光下净光合速率的 1/3 左右。这表明，在大豆的光合作用过程中，光呼吸是一个不可忽视的重要代谢环节。

2. 吸收作用

（1）大豆的水分吸收机制与特性。大豆主要依赖根尖附近的根毛和幼嫩部分从土壤中汲取水分。这些根毛和幼嫩部分的存在，使得大豆的根系能够有效地从 30 厘米以内的土层中吸收水分。当根系生长强大时，其吸收范围甚至可以扩展至 30～50 厘米的土层。大豆的根压在 0.05～0.25 兆帕，这种根压使得大豆根能够主动地、高效地从土壤中吸取水分。对于叶片来说，为维持其正常的生理活动，其水势应保持在-1 兆帕以上。研究表明，当水势在-0.4 兆帕时，叶片生长速度最快；而随着水势的下降，叶片生长速度会迅速减缓，当水势接近-1.2 兆帕时，叶片的生长几乎停滞。

不同研究者在测定大豆的耗水量时得出了不同的结果。宋英淑的研究结果显示，一株大豆在整个生长期内的总耗水量为 24 635 毫升。高建华等的测定表明，一株大豆一生总耗水量为 3 000~5 505 毫升。这种差异可能是由于供试品种的生长量、种植条件、气候因素等多方面原因导致的。然而，无论具体数值如何，都表明大豆在生长过程中需要大量的水分。特别值得注意的是，结荚—鼓粒期是春播大豆耗水的关键时期，这一时期的水分管理对于大豆的产量和品质至关重要。

（2）大豆的养分吸收特性与动态。在大豆植株的生长早期，叶片、叶柄、茎秆中的氮、磷和钾的百分浓度相对较高。然而，随着植株的生长发育，特别是当大豆进入籽粒形成阶段时，全株的养分浓度会逐渐下降。例如，出苗后15 天，叶片中的氮、五氧化二磷和氧化钾的百分含量分别为 5.43%、1.10%和 1.81%，而到了成熟期，这些养分含量则分别下降为 2.99%、0.61% 和0.82%。相反，籽粒中的氮、磷和钾的百分含量则呈上升趋势，特别是在成熟期，籽粒的含氮量往往能达到 6% 以上。

大豆植株对氮、磷和钾的吸收积累过程呈现出典型的"S"曲线特征，即前期吸收速度较慢，中期吸收速度加快，后期吸收速度又逐渐减慢。对于生育期为 130 天左右的春播大豆品种来说，其吸收氮和磷的最快时间通常出现在出苗后的第 71 天前后，而吸收钾的最快时间则稍早一些，在第 63 天左右。此外，春播晚熟大豆品种每获得 100 千克籽粒，其植株需要从土壤中吸收的氮、磷、钾的量也具有一定的规律，通常氮素在 8.29~9.45 千克，五氧化二磷在1.64~1.95 千克，氧化钾在 2.96~3.72 千克。了解这些规律对于指导大豆的施肥管理具有重要意义，能够帮助我们更有效地为大豆提供所需的养分，从而提高其产量和品质。

3. 叶面积指数、光合势与物质生产的关系

（1）叶面积指数与大豆产量之间有着密切的关系。当前，适度提升叶面积指数被视为提升大豆产量的重要手段。大豆自出苗至成熟，其叶面积指数会经历一个独特的发展轨迹，这一过程大致呈现抛物线的变化形态。特别是在开花末期至结荚初期，叶面积指数往往达到峰值。叶面积指数对大豆的光合作用效率有着直接影响。如果叶面积指数偏低，意味着光合面积不足，这将导致大豆植株无法充分吸收光能，进而影响其生长和产量。相反，若叶面积指数过高，中下部叶片可能因上部叶片的遮挡而降低光合效率，甚至引发叶片变黄脱落等问题。

因此，为了实现大豆的高产，合理调控叶面积指数至关重要。研究表明，大豆在不同生长阶段的适宜叶面积指数分别为：苗期 0.2~0.3，分枝期 1.1~1.5，开花末至结荚初期 5.5~6.0，鼓粒期 3.0~3.4。尤其值得关注的是，当叶面积指数处于 3.0~6.0 的范围内时，其与生物产量和经济产量的关系尤为显著。这意味着，保持较高的叶面积指数并在一定时期内维持其稳定，对大豆产量的形成具有显著的促进作用。

（2）光合势与大豆产量的关系。光合势，简单来说，就是叶面积持续时间的总和，通常以"平方米·日"为单位进行计量。光合势是衡量大豆光合效率的重要指标，它与大豆的产量密切相关。有研究者通过计算大豆品种的总光合势与产量的相关系数，发现总光合势与生物产量的相关性极显著，同时与经济产量的相关性也很显著。

总光合势高，意味着大豆的光合面积大且光合时间长，这将导致干物质的积累增多，进而使得生物产量自然提高。对于春播秋收的大豆而言，若要每公顷获得 3 000~3 750 千克的籽粒产量，其总光合势通常需要维持在 270 万~300 万平方米·日的水平。这进一步证明了光合势在大豆产量形成中的重要作用。

因此，要提高大豆的产量，除了关注叶面积指数外，还需重视光合势的调控。通过合理的栽培管理措施，如优化种植密度、科学施肥和灌溉等，可以有效提高大豆的叶面积指数和光合势，进而实现大豆的高产稳产。

综上所述，叶面积指数和光合势是影响大豆产量的两个重要因素。通过合理调控这两个因素，可以有效地提高大豆的光合作用效率，促进干物质的积累，最终实现大豆的高产目标。在未来的大豆种植中，我们应更加关注这两个因素的变化，并采取有效的措施进行调控，以进一步提高大豆的产量和品质。

二、大豆生物量的积累

1. 生物产量的积累过程

大豆生物产量的形成经历三个阶段：指数增长期、直线增长期和稳定期。

在植株生长初期，由于叶片遮阴效果有限，光合产物积累与叶面积增长成正比，因此生物产量呈指数增长。随着分枝期的到来，叶面积迅速扩展，光合产物积累速度也明显加快，尤其在分枝到结荚期，生物产量增长尤为迅猛，几乎直线上升。然而，结荚期后，由于叶片光合速率下降，生物产量增长逐渐稳定，通常在鼓粒中期前后达到峰值。这一过程凸显了生物产量作为经济产量的基础，要提高大豆籽粒产量，需确保生物产量最大化，并注重光合产物向籽粒的有效转移。

2. 籽粒产量

大豆生长发育具有其独特性，即生殖生长启动较早，且与营养生长同步进行的时间相对较长。以生育期为 125 天的有限结荚习性品种为例，大约出苗后60 天，大豆即开始开花，此时生物产量已占总产量的 20%～25%。这显示出大豆的大部分干物质是在营养与生殖生长并行阶段内积累的。早熟品种通常在出苗后约 50 天，晚熟品种则在出苗后约 75 天，荚中籽粒开始形成。整个籽粒形成过程 45～50 天，其中前 10 天增重较慢，中期增重较快，后期又逐渐放缓。若以每日每平方米土地籽粒平均增重 9.9 克计算，则每公顷籽粒平均日增重约为 99 千克。

3. 大豆植株的器官比例调控

大豆植株的器官平衡涉及地上部分各器官在生物产量中的相对占比。研究表明，晚熟品种中叶片、叶柄、茎秆、荚皮和籽粒的最优分配比例分别为24%、9%、20%、12% 和 35%，经济系数为 35%。而早熟品种茎秆比例相对较小（春播 15%，夏播 10%），籽粒比例较大，可达 42%～45% 或更高。这种平衡反映了光合产物的分配和"源-库"关系。

在栽培中，应选择生物产量高、器官平衡合理、经济系数高的品种，并在高肥水条件下栽培。通过优化叶片、叶柄、茎秆和荚皮的比例，提高籽粒产量。值得注意的是，大豆的经济系数虽相对稳定，但受播种季节、肥料条件和品种特性影响。夏播的经济系数通常高于春播，中肥条件的经济系数高于高肥条件，且早熟品种的经济系数往往高于晚熟品种。因此，栽培大豆时需综合考虑这些因素，以实现最佳经济效益。

第四节　大豆品质的形成

1. 大豆油分及其脂肪酸组成

大豆油分的品质主要取决于其脂肪酸成分及其比例。在大豆油分中，脂肪酸主要分为饱和与不饱和两大类。饱和脂肪酸包括硬脂酸和软脂酸，而不饱和脂肪酸则包含油酸、亚油酸和亚麻酸。此外，还有一些少量的花生酸、豆蔻酸，以及微量的棕榈油酸、月桂酸和二十二烷酸等。

值得注意的是，大豆油分中的油酸和亚油酸是哺乳动物必需的脂肪酸，这些脂肪酸在哺乳动物体内无法自行合成，因此必须从植物油中获取。亚油酸在人体代谢中发挥着重要作用，它有助于磷脂和生物膜的合成，并能防止胆固醇的沉积，从而软化血管，预防高血压和心血管疾病。因此，大豆油分中亚油酸的含量是衡量其营养价值的重要参数之一。亚油酸含量越高，油品的营养价值也就越高。

决定油分品质的另一重要指标是油分中亚麻酸的含量。亚麻酸在人体内不能合成，对人体代谢有一定的促进作用，但它不是人体的必需脂肪酸。亚麻酸是不饱和脂肪酸，极易发生氧化而使油分及其加工产品产生恶劣气味，降低营养价值。在长期贮藏过程中，由于亚麻酸的氧化会导致油的颜色变成青绿色，食味不佳。

对于大豆油分的积累规律，研究结果表明，无论油分的相对含量还是绝对含量在开花后至成熟前，一直是逐渐增加的，开花后 30 天左右有一快速积累期，到成熟后又稍有下降。陈庆山等利用大豆生育期间的降水量数据，选用 27 个大豆品种研究降水量对大豆籽粒油分含量的影响，以及不同类型品种油分含量与降水量的关系。结果表明，大豆品种不同，其生育期长短和生理特性差异，各生育阶段所需供水量也不尽相同。大豆油分含量与降水量存在线性关系，并且达到显著水准。大豆籽粒油分含量与生育期降水量呈现负相关，特别是 6 月和 7 月的降水量对大豆籽粒油分积累起到了关键作用。大豆脂肪含量与 6—7 月的降水量关系密切，但各品种由于在不同的生态区域，本身脂肪含量遗传特性不同，而与各月的降水量的关系也不同。根据本研究结果，调控大豆生育期水分供应，特别是 6 月和 7 月的水分供应，对于提高高油大豆产量有着极为重要的指导意义。

2. 大豆脂肪酸的积累

大豆油分的积累与构成大豆油分的各种脂肪酸的积累密切相关。大豆籽粒中的各种脂肪酸的含量和种类直接决定着大豆油分的含量和质量。研究结果表明，棕榈酸、硬脂酸、亚麻酸的含量随着籽粒的发育逐渐下降，而油酸、亚油酸的含量逐渐上升。随着人们生活水平的提高，对大豆油的质量要求越来越高，因此大豆育种家欲选育亚油酸含量高且亚麻酸含量低的品种，来满足生产和生活的需要。

大豆脂肪酸各组成成分的形成之间存在着一定的相关性。研究结果表明，亚油酸与棕榈酸、油酸呈负相关；亚麻酸与油酸呈负相关；硬脂酸与棕榈酸、亚麻酸呈正相关。

3. 油分积累与蛋白质积累的关系

大豆的油分积累要早于蛋白质的积累。在大豆种子发育的初期，首先形成的是游离脂肪酸，这些脂肪酸主要以饱和脂肪酸为主，它们形成的时间较早。具体来说，大豆油中含有肉豆蔻酸、棕榈酸等饱和脂肪酸，这些脂肪酸在种子发育早期就开始形成。相比之下，蛋白质的合成和积累在种子发育的后期更为显著。大豆蛋白质主要由多种氨基酸组成，其合成过程相对复杂，需要在种子发育的后期，随着种子成熟度的提高，逐渐进行。大豆油分和蛋白质在形成过程中呈负相关关系。早期油分的积累可能占据了种子内的资源，使得蛋白质的积累相对滞后。综上所述，大豆油分积累早于蛋白质积累，这主要是由于脂肪酸在种子发育早期就开始形成，而蛋白质的合成和积累则相对较晚。这种积累规律反映了大豆种子发育过程中油分和蛋白质形成的生理特点。

第二章　大豆高产的合理施肥

第一节　施肥误区

大豆，作为豆科植物，其根系内生长有根瘤，这些根瘤具备固定空气中的氮素的能力。因此，常有人误以为种植大豆无须额外施加氮肥，并认为大豆对土壤有滋养作用。然而，经过深入探究，我们得知大豆通过根瘤固定的氮素量，远远不足以满足高产大豆对氮素的需求。为满足高产大豆的生长需要，我们仍需适量补充氮肥。

同时，收获的大豆籽粒富含丰富的营养元素，它们会从土壤中带走一定量的营养成分。因此，将大豆简单地视为养地作物并不准确。尽管与禾本科等某些作物相比，大豆的根系能够从空气中固定一定量的氮素，且在成熟时会有大量豆叶落入土壤，这些落叶在分解后能补充土壤养分，从而在一定程度上缓解地力的消耗。但长期种植大豆后，土壤的地力仍会逐渐下降，其养地效果并不明显。

只有当大豆作为绿肥作物种植，不收获其籽粒时，才能真正发挥养地的作用。要实现大豆的高产高效，我们应结合大豆的营养特点，采用合理的施肥方法。

第二节　大豆的营养特性

大豆作为一种重要的作物，其生长过程对营养物质的需求尤为显著。它不仅仅对矿质营养的种类需求全面，而且数量也相当可观。大豆的根系从土壤中吸取了包括氮、磷、钾、钙、镁、硫、氯、钼、锰、锌、硼、铁、铜等在内的10 余种营养元素。这些元素对于大豆的生长和发育起着至关重要的作用。

在营养需求方面，大豆可谓是一个"大户"。研究显示，当大豆植株每产出 100 千克的籽粒及其相应的茎叶时，它需要从土壤中吸取的氮素量在 6.27～9.45 千克，五氧化二磷的量在 1.42～2.60 千克，而氧化钾的量则介于 2.08～4.90 千克。这些数据充分表明了大豆对营养物质的巨大需求。

大豆对养分的吸收和积累与其他禾谷类作物存在明显的差异。以水稻为例，我们可以发现大豆在养分吸收上有两个显著的特点。首先，大豆在开花初期对氮、磷、钾这三种主要营养元素的吸收量仅为其吸收量最高时期的 1/3～1/4。这意味着大豆在生长初期对养分的吸收相对较慢，而到了结荚期，养分的吸收才达到顶峰。这一特点反映出大豆的营养生长和生殖生长在相当长的一段时间内是并列进行的。

大豆茎叶中氮、磷、钾等养分的转移率相比其他作物较低。例如，水稻在开花后能将 60%～70% 的氮、磷营养从茎叶转移到穗部，而大豆荚粒中从茎叶转移来的氮、磷营养仅占 40%～50%。这表明大豆荚中的大部分氮、磷养分是由根部直接提供的，而非茎叶转移。因此，大豆生育后期的营养供应尤为重要。

考虑到大豆生长过程中需合成大量蛋白质和脂肪，这需充足的营养物质支持。在大豆营养生长与生殖生长交错期间，合理分配养分是关键，既要保证营养生长的健壮，又要满足生殖生长的需求。为提高大豆产量和品质，实际种植中需根据大豆生长特点及养分需求制定合理的施肥方案，确保各生长阶段营养充足，实现高产优质目标。

综上所述，大豆对营养物质的需求量大且全面，其养分吸收特点与其他作物存在显著差异。在种植大豆时，我们需要充分考虑其生长特点和养分需求，通过合理的施肥措施来优化养分的分配和利用，从而为大豆的高产高效种植提供有力保障。

第三节　大豆的氮、磷、钾营养

一、大豆的氮素营养

氮素在大豆生长中占据核心地位，是构成蛋白质的关键成分，并参与细胞质、细胞核及酶的构建。大豆植株中氮素含量较高，尤以籽粒和根瘤最为显著，占比达 6%~7%。开花结荚期是大豆对氮素需求最旺盛的阶段，氮素供应与干物质积累密切相关。氮素充足时，干物质积累增加，为大豆高产优质打下基础。

当大豆缺乏氮素时，蛋白质的形成会受到限制，导致细胞变小且细胞壁增厚。细胞分裂减少，生长速度减缓，使得植株变得矮小且纤细。此外，缺氮还会降低叶绿素含量，使得植株下部的叶片颜色变浅，逐渐变黄并最终干枯。由于大豆体内的氮素化合物具有较高的移动性，缺氮症状通常首先出现在老叶片上，随后逐渐蔓延至上部幼叶。在严重缺氮的情况下，植株生长将完全停止，叶片逐渐脱落。此时，通过追施尿素等速效氮肥，可以显著改善植株的生长状况。

大豆的氮素来源独具特色，除了从土壤和肥料吸收，还能通过根瘤内的根瘤菌进行共生固氮。根瘤菌的双重作用：既固定空气中的氮素供大豆使用，又受氮素化肥影响，可能抑制其固氮作用。因此，在大豆上施用氮素化肥的增产效果常不及禾谷类作物，有时甚至出现施肥不增产现象。

在大豆的生长过程中，根瘤菌的固氮作用对大豆的氮素供应具有重要意义。每公顷土地上的根瘤菌通常能从空气中固定 45~67.5 千克的氮素，有时甚至高达 97.5~157.5 千克，为大豆提供了所需氮素的 20%~30%。特别是在高产的大豆田中，根瘤菌提供的氮素比例更高。实践表明，根系发达、根瘤多且大的大豆植株往往生长旺盛、健壮，最终获得高产优质的大豆。

除了根瘤菌的固氮作用外，从土壤和肥料中吸收的氮素也是大豆生长所必需的。在苗期，由于根瘤数量少且小，大豆植株对根瘤菌固氮的依赖较低，此时从土壤中吸收氮素显得尤为重要。对于缺氮的土壤，适量施用氮肥作为种肥是必要的，这有助于大豆幼苗保持正常的生长速度。然而，由于氮素化肥可能对根瘤菌的固氮作用产生不利影响，因此在施用氮肥时需要注意以下几点：首先，应重视有机肥料的施用，因为腐熟的有机肥料中的氮素适合大豆缓慢而持续地吸收利用；其次，大豆植株在开花结荚期对氮素的需求最为旺盛，因此此时追施氮素化肥效果较好；此外，在土壤肥力较低或需要促进幼苗营养生长的情况下，可以使用氮素化肥作为种肥；最后，氮、磷、钾肥的配合使用通常比单独使用效果更好。

在我国大多数土壤条件下，早期施用氮肥对大豆生长具有增产效果，但这与土壤肥力密切相关。在某些土壤条件下，过量施用氮肥可能会导致减产。因此，在施用氮肥时需要根据土壤肥力和大豆生长需求进行合理调整。此外，随着农业技术的不断发展，新型肥料如长效尿素等也在大豆生产中得到了应用。这些新型肥料具有缓释效果，能够减少施肥次数和成本，提高肥料利用率，为大豆的高产高效种植提供了有力支持。

二、大豆的磷素营养

1. 磷的生理作用及缺素症状

磷参与大豆籽粒中核蛋白的组成，同时，磷在碳水化合物、脂肪酸、甘油酯和主要代谢中间产物的形成和运输中起着重要的作用。磷素供应充足，在增加种子中蛋白质和脂肪的含量方面，以及增加大豆产量，提早成熟方面，都有重要作用。

大豆植株早期缺磷，会导致细胞发育不良，使叶绿素密度相对提高，从而表现为叶色深绿。缺磷植株矮小，叶小而薄，茎硬。严重缺磷时，植株体内形成较多的花青苷，开花后叶上可能出现棕色斑点，茎变红色。

2. 磷的吸收规律

大豆作为磷需求较高的作物，其磷吸收量与产量增长几乎成正比。在生育早期，大豆依赖种子中的磷进行生长。随着植株的逐渐发育，磷含量在植株中稳步上升，至结荚鼓粒期达到峰值，随后保持稳定或略有下降。研究显示，大豆从出苗期至初花期的磷吸收量仅占总量的15%，而开花结荚期则吸收高达

60%，结荚至鼓粒期吸收 20%，鼓粒后期磷吸收量则较少。特别值得注意的是，大豆在苗期至开花期对磷素的需求最为敏感，此阶段缺磷会导致生长不良，即便在后期补充充足的磷素，也难以完全恢复其生长状态。

3. 磷肥的施用及效果

在我国的农业实践中，众多试验结果显示，对大豆施用磷肥能够显著提升其籽粒产量。以辽宁、吉林、黑龙江等地区的 22 个磷肥肥效试验为例，其统计数据显示，平均增产幅度高达 7%~24%，意味着每千克磷肥的投入能够带来 1~2.8 千克的籽粒增产。而在黄淮地区，通过 22 次大豆氮磷钾肥效试验，我们进一步了解到，在每公顷土地上施用 30 千克的氮、60 千克的五氧化二磷以及 60 千克的氧化钾，其增产效果分别为 10.5%、14.0%、5.8%。这一数据充分说明，施用磷肥对大豆的增产效果最为显著。

进一步的研究还揭示，磷与氮、磷与钾的配合使用，在中低产区的大豆种植中显得尤为关键。这是因为，不同营养元素之间的协同作用能够提升大豆对养分的吸收利用效率，从而实现更高的产量。

施用磷肥对大豆的增产效果并非固定不变，它受土壤有效磷含量的显著影响。在磷素匮乏的土壤中，施用磷肥能显著提升大豆产量；而在磷素丰富的土壤中，磷肥效果往往不佳。据报道，当土壤中每 100 克速效性磷（五氧化二磷）含量低于 6 毫克时，大豆对磷肥的响应最为显著；特别是当速效性磷含量在 1~3 毫克时，磷肥的增产效果尤为突出。然而，随着速效性磷含量增至 10 毫克左右，尽管大多数情况下施磷肥仍能增产，但效果已逐渐减弱。这一趋势表明，土壤有效磷含量越低，施用磷肥的增产效果往往越显著。

在缺磷的土壤中，大豆施用磷肥的增产效果与施磷量之间存在一定的关系。一般而言，在一定的范围内，随着施磷量的增加，大豆的增产效果也会相应提高。但是，当施磷量超过某一阈值后，继续增加磷肥的投入并不会带来更大的增产效果，反而可能导致增产效果的减弱。从单位质量磷肥的增产率来看，随着施磷量的增多，其增产效率有逐渐降低的趋势。

除了土壤有效磷含量和施磷量外，磷肥的增产效果还受到土壤湿度等其他因素的影响。在干旱地区，由于土壤水分不足，施用磷肥往往难以发挥其应有的效果。而在湿润条件下，土壤中的磷素更容易被大豆根系吸收利用，因此施磷肥的增产效果更为显著。

此外，磷肥的增产效果还与其他元素，特别是氮素有着密切的关系。氮素是促进植株生长的重要元素，它不仅能够提高大豆的光合作用效率，还能够促进大豆根系对磷素的吸收和利用。因此，在施用磷肥的同时，合理配施氮肥，能够进一步提高大豆的产量和品质。

在实际的大豆种植过程中，为了充分发挥磷肥的增产效果，我们需要根据土壤的实际情况来制定合理的施肥方案。对于磷素缺乏的土壤，应适当增加磷肥的投入量；而对于磷素含量较高的土壤，则应适当减少磷肥的用量，以避免浪费资源并减少环境污染。同时，我们还应关注土壤湿度等其他因素的变化，以便及时调整施肥策略，确保大豆的正常生长和发育。

在农业生产中，提高肥料利用率、减少浪费、保护环境是我们始终追求的目标。因此，在施用磷肥时，我们还应积极探索新的施肥技术和方法，如采用缓释肥料、控释肥料等新型肥料，以提高磷肥的利用率和减少对环境的影响。

综上所述，磷肥在大豆种植中具有重要的增产作用，但其效果受到多种因素的影响。为了充分发挥磷肥的增产潜力，我们需要综合考虑土壤条件、施肥量、土壤湿度以及其他元素的配合施用等因素，制定科学合理的施肥方案。同时，我们还应不断探索新的施肥技术和方法，以提高肥料利用率、减少浪费并保护环境，为我国大豆产业的可持续发展作出贡献。

除了上述因素外，我们还应注意到，大豆对磷肥的需求也与其生长阶段密切相关。在大豆的不同生长阶段，其对磷的需求量和吸收能力都会有所不同。因此，在施肥过程中，我们需要根据大豆的生长阶段来合理调整磷肥的施用量和施用时间。

在大豆的幼苗期，由于其根系尚未发育完全，对磷的吸收能力较弱，此时施用过多的磷肥容易造成浪费。因此，在幼苗期，我们可以适当减少磷肥的施用量，将重点放在促进大豆根系的生长和发育上。

随着大豆的生长，进入开花结荚期后，其对磷的需求量逐渐增加。此时，磷元素对于大豆的生殖生长和籽粒形成具有至关重要的作用。因此，在开花结荚期，我们应适当增加磷肥的施用量，以满足大豆对磷的需求，促进其生殖生长和籽粒的形成。

在施肥方式上，我们可以采用基肥与追肥相结合的方式。在播种前，将一部分磷肥作为基肥施入土壤中，为大豆的生长提供基本的磷素需求。在大豆生长过程中，根据土壤磷素含量和大豆的生长情况，适时进行追肥。

三、大豆的钾素营养

1. 钾的生理作用及缺素症状

钾元素在植物生长中发挥着核心作用，尤其在光合作用、碳水化合物代谢及糖的转运过程中扮演着不可或缺的角色。钾的存在确保了二氧化碳的有效固定，并助力光合产物从叶片向其他部位的顺畅传输。此外，钾在维管束的发育和厚角组织的增强中起到关键作用，使植株更为稳固，增强其抗倒伏能力。在细胞内，钾具有调节水分和维持适宜膨压的功能，这对于提升大豆对早霜和干旱的抗性至关重要。因此，钾元素是大豆健康生长不可或缺的重要营养。

值得一提的是，钾在气孔的保卫细胞中积累较多，与气孔的调控紧密相关。在大豆叶片的调位运动中，钾同样发挥着重要作用，特别是在叶柄和叶枕中的含量较高。

除了上述功能，钾还能促进根瘤的形成。土壤中钾元素的含量不仅影响大豆植株的生长和根部组织的发展，还直接关系到根瘤菌的数量和活性。

此外，钾还能显著优化大豆的品质。多项研究表明，适量施用钾肥能有效减少种子的皱缩和发霉现象，增加粒重，提高发芽率和含油量，进而提升大豆的经济价值。

综上所述，钾元素在大豆生长过程中发挥着多方面的作用，从促进光合作用到改善品质，无一不体现出其重要性。因此，在大豆种植过程中，我们应注重钾肥的合理施用，以确保大豆的健康生长和高产优质。

在大豆生育期间，如果钾素供应不足，常在大豆的老叶片上发现缺钾症状。叶尖边缘发生黄斑点，组织逐渐坏死，或从较老的叶片和组织变褐色、黄色，生长延缓。缺钾大豆的嫩叶比同龄健康植株叶片的颜色稍暗，较老叶片的叶尖和叶缘颜色变浅，最后变黄，只有沿叶脉的叶组织仍保持绿色。由于缺钾组织失水较多，因而叶缘皱缩，叶片向里卷成"杯状"。最后组织枯焦，叶缘破碎。缺钾的植株大多数生长柔嫩多汁，细胞壁薄，大豆容易感染病害。缺钾大豆结荚少，荚小而不饱满，豆粒大小不匀，皱缩呈畸形，秕粒多，籽粒蛋白质含量降低。

2. 钾的吸收特点

大豆体内钾含量在幼嫩组织如幼苗、生长点和叶片中更为富集。大豆对钾的吸收主要集中在幼苗期至开花结荚期，尤以出苗后第 8~9 周为吸收高峰。但进入结荚期和成熟期后，钾吸收速度减缓，这是由于茎叶中的钾逐渐转移至荚粒中。

3. 钾肥的应用及其效果

在我国，钾的分布呈现出由北向南、由西向东逐渐减少的趋势。因此，在东南部地区，钾肥的施用相较于其他地区更为重要。

土壤中，速效性钾主要由交换性钾和水溶性钾组成，这两者的总和仅占土壤全钾的 1%~2%。其中，交换性钾占据土壤速效性钾的绝大多数，约 90%，而水溶性钾则占约 10%。水溶性钾是大豆根系直接吸收钾的主要来源，一旦水溶性钾被吸收，交换性钾会迅速释放，以补充其消耗。

为保持土壤中钾素的稳定供应，维持有效钾的平衡状态显得尤为关键。速效性钾的补充主要依赖于植株残茬、厩肥、秸秆等有机肥料、化学肥料以及土壤缓效性钾的转化。

由于有机肥料富含钾化合物，因此，增加有机肥料的使用可以有效为土壤补充钾素。近年来，随着农业生产力的提升，大豆的产量不断增加，施用的氮、磷肥量也随之增长，这使得钾肥的施用得到了更多的关注。尽管我国的钾素资源主要是氯化钾，但为了满足市场的需求，我们还从国外进口了大量的硫酸钾。

试验数据表明，在缺钾的土壤中施用钾肥，其增产效果极为显著。在湖北、江西两省的田间试验中，施用钾肥平均每公顷可增产大豆 298.5 千克，增产率高达 17.8%。同样，在山东棕壤上施钾肥，增产率也达到了 16.1%。

在种植高油大豆时，需要根据养分对大豆油分积累的影响来调整肥料配比。为了增加大豆籽粒的油分积累，可以适当减少氮肥的比例，同时增加磷、钾肥的比例。对于黑土和肥沃土壤，施氮磷钾的比例建议为 1：（1.8~2.0）：0.8；而在白浆土和瘠薄地，则可以适当增加肥量，施氮磷钾的比例可为 1：1.5：0.8。

第四节　大豆的微量元素营养

　　微量元素是指土壤和植物中含量极少，仅十万分之几的营养元素。这些微量元素包括钼、锰、锌、硼、铁、铜等，尽管这些元素含量极少，但对作物的正常生长发育是不可缺少和不可相互代替的。用这些元素做成的肥料，即微量元素肥料。由于微量元素容易被土壤固定，所以土壤施肥，肥效不易充分发挥。

　　尽管微量元素在植物体内的含量低，但由于它们在植株体内常常是酶、维生素等的组成部分，具有很强的专一性，是植物体内一切有机物质形成与转化作用的直接参加者，因而微量元素是代谢过程的调剂者。微量元素能够增加植株体内各种酶的活性，增强植株的抗病性，促进新陈代谢。因而，施用微量元素肥料会加速植株的生长发育，提高产量，改善产品品质。当缺少某一种微量元素时，植株生长发育受到抑制，导致减产和产品品质下降，严重的甚至颗粒无收。相反，由于这些微量元素需要量极少，当施用过量时，又会出现中毒现象，影响产量和品质，甚至还会引起人、畜某些地方病的发生。因此，只有在了解微量元素的作用、土壤中微量元素供应状况等基础上，合理施用微量元素肥料，才能达到提高产量，改善品质的目的。

一、钼的重要性与用途

　　钼，这一微量元素在大豆体内主要聚集于根瘤和种子。它对大豆生长具有显著促进作用，特别是在根瘤形成与生长上。钼能增加根瘤数量、扩大体积，并提升固氮量。这一作用源于钼在氮素固定中的核心角色，它参与氮还原成氨的过程，通过固氮酶催化实现。

　　钼不仅影响大豆氮素代谢，还促进硝态氮同化，提高各组织含氮量，优化蛋白氮与非蛋白氮比例，最终提升籽粒蛋白质含量。此外，钼还能增强大豆叶片叶绿素含量，促进磷素吸收、分配与转化，并加强种子呼吸强度，从而提升种子发芽势与发芽力。

当大豆缺乏钼时，其生长会受到明显影响，表现为植株矮小、叶脉间缺绿、叶片扭曲畸形等症状。同时，根瘤的发育也会受阻，数量减少、体积缩小，导致固氮酶活性降低和固氮量减少。

尽管大豆对钼的需要量相对较低，但钼与氮、磷等营养元素的交互作用却相当复杂。施用不同形态的氮肥会影响大豆对钼的吸收，而钼肥与磷肥的同时施用往往能显著提升肥效。然而，过量的钼也会对大豆产生毒害，因此施用钼肥时通常采用拌种或叶面喷施的方式，以避免土壤中的钼积累过多。

在实际应用中，钼酸铵和钼酸钠是较为常见的钼肥。拌种时，每千克大豆种子用钼酸铵的量应控制在一定范围内，并注意加水量的控制，以免胀破种皮。而叶面喷施时，适宜的钼酸铵浓度和用液量也需要精确掌握，以达到最佳的施肥效果。

二、锰的重要性与用途

锰是大豆光合作用、呼吸作用及生长发育中不可或缺的微量元素。它作为多种酶系统的催化剂，直接参与氧化还原过程，推动固氮作用，特别是在硝态氮转化为氨的过程中扮演重要角色。此外，锰还影响根瘤的形成、固氮以及叶绿素的合成。

锰的缺乏会导致大豆叶片叶绿素减少，新叶失去绿色，老叶表面变得不平滑并出现皱缩现象，同时叶脉间出现淡绿色斑纹，而叶脉则保持绿色。大豆对锰的需求非常敏感，特别是在石灰性土壤、富含钙的冲积土、排水不良的且有机质丰富的土壤以及沙质土壤中，更容易出现缺锰的症状。

为维持土壤中锰的活性，可采取多种措施，如定期施加酸性肥料、保持土壤湿润以及施用易分解的有机肥料，从而营造有利于锰活性的土壤环境。然而，值得注意的是，锰与铁在细胞内存在拮抗关系，过量的锰可能干扰三价铁的还原过程，导致缺铁症状的出现。

大豆主要吸收水溶性锰和代换性锰。尽管土壤中的无机盐含量丰富，但有效的锰含量常显不足。在北方石灰性土壤中，锰的总含量和有效性均偏低，特别是在黄淮海平原等质地轻、有机质少、通透性好的土壤中，施用锰肥效果尤为显著。当土壤 pH 值超过 6.5 时，锰的有效性降低，缺锰现象更为常见。相对而言，酸性土壤通常锰含量丰富，有效性高，因此一般无须额外施用锰肥。

锰肥的形态多样，包括硫酸锰、氧化锰、碳酸锰和磷酸铵锰等，其中硫酸锰应用最为广泛。硫酸锰既可用于土壤施用，每公顷用量在 15~30 千克，也可用于叶面喷施，以 0.05%~0.1% 的溶液每公顷喷施 750 千克。据吉林省农业科学院土壤肥料研究所研究，在石灰性土壤上施用 45 千克硫酸锰作为种肥，大豆的平均增产率可达 8.2%；而在非石灰性土壤上，平均增产率为 5.8%。

三、锌的重要性与用途

锌是多种酶的关键组分，这些酶在植株体内物质的水解、氧化还原以及蛋白质合成中发挥着核心作用。当大豆缺锌时，其合成色氨酸的能力受损，导致生长素含量下降。外观上，缺锌的大豆植株下部叶脉间会变黄，叶缘可能卷曲或变褐枯死，整体表现矮小。

大豆对锌的需求较为敏感，在锌不足的土壤中施用锌肥能显著提升产量，增产率可达 14.2%。硫酸锌是常用的锌肥，它易溶于水，既可作基肥，也可作追肥。叶面喷施也是有效的施肥方式。实验表明，锌肥的施用时期和方式均对增产效果有影响，与磷肥的配合施用可进一步提高增产效果，但磷水平过高时，过量的锌可能造成危害。

四、硼的作用与施肥策略

硼在大豆中扮演着不可或缺的角色，主要集中在茎尖、根尖、叶片和花器官中。它不仅能提高蔗糖转化酶的活性，促进碳水化合物的运输，还影响根的生长，提高根瘤菌的固氮活性。缺硼时，大豆的生长点附近叶片变黄并可能畸形增厚，根系发育不良，花蕾发育受阻，影响开花结荚和受精。

尽管大豆对硼有良好的反应，但硼的施用量必须谨慎，因为过多的硼可能致毒。常用的硼肥有硼砂和硼酸，可通过基肥或叶面喷施的方式施用。实验证明，适量的硼肥能显著提高大豆产量，但浓度过高则增产效果有限。硼砂拌种也是一种经济有效的施肥方法。

五、铁的重要性与影响因素

铁是叶绿素合成的关键元素，缺铁会导致新生叶和茎的叶绿素形成受阻，叶片变黄或黄白色，叶脉保持绿色。大豆缺铁时，靠近叶缘可能出现棕色斑点，老叶则变黄枯萎脱落。此外，铁还是大豆根瘤固氮酶的重要成分，对固氮作用至关重要。

多种因素可能影响大豆对铁的吸收，包括土壤因子和各种肥料的使用。例如，大量施用硝态氮肥或高浓度的磷肥都可能导致缺铁症状。铁与其他微量元素如锰和铜之间也存在拮抗关系。针对缺铁问题，目前开始采用螯合铁如NaFeEDTA来提高铁的吸收和利用效率。

六、铜的角色与施肥考量

铜是多酚氧化酶和抗坏血酸氧化酶的成分，参与植株体内的氧化还原过程。缺铜时，大豆叶片会呈现微黄状，上层叶尤为严重，最上层叶几乎变为白色，类似于干旱状态。

大豆对铜肥的敏感度相对较低，但在缺铜或接近缺铜的土壤中增施氮肥可能加剧缺铜程度。此外，铜与磷之间存在拮抗关系，长期或过量施用磷肥可能导致缺铜或降低铜含量。适量施用铜肥可以提高大豆产量，主要通过增加荚数和百粒重来实现。但需注意避免磷肥与铜肥的相互干扰，确保施肥效果的最大化。

第五节　大豆施肥技术

要提高大豆的产量和品质，施肥技术是关键。施肥时应考虑大豆的需肥特性、根系活动范围，并结合当地的土壤状况、耕作及轮作方式等。施肥方式因施肥时期而异，主要包括以下几种。

一、基肥

1. 基肥的重要性与效果

基肥，又被称为底肥，是在秋翻或播种前施用的肥料，主要以有机肥为主，辅以适量化学肥料。有机肥含有丰富的氮、磷、钾等元素，还有多种微量元素和特殊物质，能显著提升土壤肥力。其有机质能改良土壤结构，增强土壤保水保肥能力，同时促进微生物活动，使土壤中难溶性无机盐转化为作物易吸收的养分。因此，基肥的施用对于保证大豆整个生长周期的养分供应至关重要。

实际生产证明，基肥的增产效果在10%~25%，尤其在低产田块中，基肥的充足施用可带来显著的增产效果。当有机肥与磷肥结合作为基肥时，其效果更是显著。

2. 基肥的施用方式

根据土壤翻耕和整地的不同方法，基肥的施用方式也有所不同，主要包括耕地施肥、耙地施肥和条施基肥三种。耕地施肥是将有机肥均匀撒于地面后翻入土壤，与耕层混合，适用于东北地区和深翻地。耙地施肥则是将基肥撒于地面后通过耙地机具将肥料耙入土层，多用于夏大豆和秋大豆产区。条施基肥则是将少量基肥集中施于播种沟下，确保大豆根系充分吸收养分。

3. 基肥的种类与用量

作为基肥的有机肥料种类繁多，如厩肥、堆肥、腐熟草炭、绿肥等。厩肥是家畜粪尿与垫圈材料混合制成的肥料，富含氮、磷、钾等元素，具有较长的肥效，能改善土壤结构，提高土壤肥力。堆肥则是以纤维素多的原料为主，加入适量粪尿制成的肥料，其养分含量因原料和堆制方法而异。

基肥的施用量主要取决于土壤肥力和肥料类型。一般而言，厩肥和堆肥的施用量为每公顷22.5~52.5吨，但具体用量还需根据土壤和作物需求进行调整。

综上所述，基肥在大豆生产中具有不可替代的作用，通过科学合理的施用方式和适量施用，可以显著提高大豆的产量和品质，为农业生产带来更大的经济效益。

二、合理利用前茬肥

近年来，随着农业科技的进步和农民朋友们对农业生产认知的深入，越来越多的单位开始关注前茬肥效的问题。这一转变不仅体现了对土地资源的珍视，也反映出农业生产向着更加精细化和科学化的方向发展。特别是在大豆的种植上，选择有秋翻基础或施用大量有机肥和追肥的玉米茬作为种植地块，已经成为一种普遍且高效的种植模式，其增产效果十分显著。

首先，让我们来谈谈前茬肥效的重要性。在农业生产中，前茬作物对后茬作物的影响是不容忽视的。前茬作物在生长过程中会消耗土壤中的养分，但同时也会通过根系残留、落叶等方式将一部分养分归还给土壤。这些养分在土壤中积累，成为后茬作物的重要养分来源。特别是当我们在前茬作物中大量施用有机肥和追肥时，这些肥料的残效会在土壤中持续发挥作用，为后茬作物提供充足的养分。

在大豆种植中，选择有秋翻基础的玉米茬作为种植地块，是一种非常明智的选择。秋翻是一种有效的土壤管理措施，它不仅能够打破土壤板结，改善土壤结构，还能将地表残留的作物秸秆、根系等翻入土中，增加土壤有机质含量。这些有机质在分解过程中会释放出大量养分，为大豆的生长提供充足的营养。同时，玉米茬中的大量残肥也是大豆生长的重要养分来源。这些残肥中的氮、磷、钾等元素是大豆生长所必需的，能够有效促进大豆的生长和发育。

此外，在夏播大豆地区，小麦茬也是大豆种植的重要地块。小麦茬中的大量残肥同样可供大豆吸收利用。由于小麦在生长过程中会消耗大量的养分，因此在收获后，土壤中会残留大量的养分。这些养分对于大豆的生长来说是非常宝贵的。通过合理利用小麦茬的残肥，不仅可以提高大豆的产量，还可以减少化肥的使用量，降低生产成本，实现农业的可持续发展。

当然，要想充分发挥前茬肥效的优势，还需要注意一些问题。首先，要根据土壤肥力和作物需求合理施用有机肥和追肥。过量施肥不仅会造成养分的浪费，还可能对土壤造成污染。其次，要注意作物轮作和土壤管理。合理的轮作制度可以避免某些病虫害的连续发生，同时也有利于土壤养分的平衡和恢复。此外，定期进行土壤翻耕和松土也是保持土壤肥力和提高作物产量的重要措施。

综上所述，利用前茬肥效种植大豆是一种高效且可持续的农业生产方式。通过选择有秋翻基础或施用大量有机肥和追肥的玉米茬作为种植地块，以及合理利用小麦茬的残肥，我们可以有效提高大豆的产量和品质，同时减少化肥的使用量，降低生产成本，实现农业的绿色发展。在未来的农业生产中，我们应该继续探索和推广这种高效的种植模式，为农业的持续发展和农民朋友的增收致富作出更大的贡献。

三、根瘤菌与微肥拌种的重要性及其应用

在大豆的种植过程中，根瘤菌和微肥拌种的应用显得尤为重要。首先，我们谈谈根瘤菌肥料的作用。根瘤菌，这种生活在大豆根部的微生物，能够固氮，将空气中的氮气转化为大豆可以吸收利用的氨态氮。通过将大豆根瘤内的根瘤菌分离、选育繁殖，制成根瘤菌肥料，我们可以显著增加大豆根系中的有效结瘤数，进而促进共生固氮作用。这种固氮作用不仅能够为大豆提供充足的氮源，还有助于大豆的生长发育，提高其产量。

值得一提的是，在根瘤菌肥料中添加一些微量元素，如钼、硼、锰等，能够进一步增强其增产效果。这些微量元素是大豆生长所必需的，能够促进大豆的光合作用、酶的活性以及营养元素的吸收利用。

然而，根瘤菌肥料的效果与施用方式和时间密切相关。试验表明，用根瘤菌肥拌种是最佳的方式。拌种时，我们需要选取适当的根瘤菌肥，将其与少量新鲜米汤或清水调成糊状，再与种子均匀混合。拌种后，应将其置于阴凉处稍干，然后再拌入微量元素。拌完后应立即播种，以确保根瘤菌和微量元素的活性。

如果因时间紧迫来不及拌种，早期追肥也有一定的补救效果。但无论采用何种方式，施用的时间都应尽量提前，因为根瘤菌和微量元素的作用需要一定的时间才能体现出来。

四、种肥的施用及其意义

种肥对于大豆播种时至关重要，它能迅速为幼苗提供必要养分，尤其在根

系尚未完全发育的大豆生育初期。在北方大豆产区，春季土壤温度低、微生物活动弱，种肥的作用更为凸显，有助于保证苗期营养，促进壮苗。

目前，磷酸二铵是主要的种肥选择，辅以硫酸钾等钾肥。在有条件的地区，大豆专用肥效果更佳，它富含磷、钾等营养，满足幼苗生长需求。施用方法因播种工具和方法而异，但关键是确保肥料深入土壤，与种子保持适当距离。

近年来，深施肥技术在大豆种植中广泛应用。与浅施肥相比，深施肥有利于保全苗，促进根系和根瘤发育，增加干物质积累，提高产量5%～15%。但深施肥并非越深越好，通常深度控制在8～16厘米，此深度的土壤条件最适宜大豆生长。

在微酸性和缺钙的土壤上，施用石灰是增产的关键措施，它能中和土壤酸性，补充钙素，为大豆生长创造良好环境，增产效果可达7%～12.2%。施用时，一般条撒到垄沟，用量依土壤情况而定。

五、追施肥料，强化大豆中后期营养

大豆在生长过程中，尤其在花芽分化至始花期这一关键阶段，对营养的需求尤为迫切。尽管土壤的基础肥力和前期施用的基肥、种肥为大豆提供了一定的养分，但在高产栽培条件下，这些往往不足以满足其全生育期的营养需求。为此，根据各地的生产实践经验，我们在大豆分枝期至初花期进行一次有针对性的追肥操作，这样能有效促进大豆的生长，实现显著增产。特别是在土壤肥力较低、大豆前期长势不佳的地块，追肥的效果更为突出。以山东省鄄城县为例，试验数据表明，通过在大豆花期每公顷追施一定量的尿素和硫酸钾，大豆的产量得到了明显的提升。

当然，在追肥的过程中，我们也需要根据土壤和作物的实际情况进行灵活调整。对于土壤肥沃、基肥和种肥施用充足的地块，大豆植株生长旺盛，此时不宜再进行根部追肥，特别是氮肥，以免导致植株徒长，进而影响产量。

在肥料的选择上，我们推荐使用速效性肥料，如尿素、硝酸铵、硫酸钾和氯化钾等，这些肥料能够快速为大豆提供所需的养分。特别是在大豆初花期，根部追肥应以氮肥为主，同时适当搭配磷肥和钾肥，以满足大豆生长的多方面需求。

追肥的操作通常与中耕除草相结合，这样既能提高施肥效果，又能改善土壤环境。具体来说，我们在除草后，在垄侧开沟，将肥料均匀条施于沟内，然后覆土，以防止氮素挥发损失。在一些有条件的地区，还可以利用专门的追肥机械或分层追肥器进行施肥，进一步提高施肥的精准性和效率。

六、叶面施肥，高效补充养分

除了根部追肥外，叶面喷肥也是一种高效补充大豆养分的方法。根据各地的试验结果，大豆花期叶面喷施氮肥可以显著提高大豆的产量。这是因为叶面喷施能够直接将养分输送到叶片上，通过叶片的吸收和转运作用为大豆提供所需的养分。

在叶面喷肥的过程中，我们可以选择多种肥料进行混合喷施，如尿素、钼酸铵、磷酸二氢钾等。这些肥料能够为大豆提供氮、磷、钾等多种营养元素，促进其健康生长和产量的提高。同时，我们还需要注意叶面喷肥的时间和方法。一般来说，大豆盛花期至结荚期是叶面喷肥的最佳时期，可以进行 2~3 次喷施，每次间隔 10 天左右。在喷施过程中，我们需要确保喷雾均匀、不重喷、不漏喷，以充分发挥肥效。

此外，叶面喷肥的用量也需要根据具体情况进行调整。一般来说，每公顷用肥量包括一定量的尿素、钼酸铵、磷酸二氢钾和硫酸钾等。同时，稀释水量也需要根据喷洒工具的不同而有所调整。通过科学合理的叶面喷肥操作，我们可以为大豆提供充足的养分支持，促进其健康生长和高产稳产。

第三章 大豆高产的水分管理

第一节 大豆水分管理的认识误区

大豆是旱田作物，并且在全国各地不同生态条件下都有种植，不少农户错误地认为大豆是比较耐旱的作物，忽视了对大豆进行合理的水分管理。大豆是需水较多的作物，水分过多或过少都会对大豆构成严重威胁，造成大豆减产，种植效益下降。当然，由于大豆起源于我国，我国具有丰富的大豆资源，经过大豆育种家的努力，已经培育了一批耐旱或耐涝能力较强的品种。大豆高产高效的水分管理策略应该是，根据当地气候资源特点，选择抗逆性强的优良品种，结合品种对水分需求的特点，辅助相应的水分管理措施，达到高产稳产、旱涝保收。

第二节 大豆根系吸水过程

一、大豆根系的吸水

大豆的根系扮演着吸水的重要角色，而根毛是这一过程中不可或缺的部分。根毛虽小，却能巧妙地进入土壤中的微小缝隙，凭借表面的黏性果胶质紧密贴合微细土粒，从而有效吸收水分。与周围的细胞相比，根毛细胞的细胞质更为稠密，这一特性极大地促进了吸水作用。

在大豆的生长过程中，其根系不断向深层土壤和行间土层延伸，吸水的活跃部位也随之在纵向和横向逐渐扩展，从而扩大了吸水的范围。大豆的根系通常呈现为钟罩状的结构，纵向可深入土壤约1米，横向则可扩展至约40厘米。然而，主要的吸水区域集中在30厘米以内的土层中。

水分从土壤进入植株体内，并通过蒸腾作用释放到大气中，这一过程需要特定的动力。这些动力主要包括根压和蒸腾拉力。通过这两种力量的协同作用，水分得以在植物体内有效传输和利用。

根压是大豆主动吸水的动力。根压产生于根细胞的生理活动。大豆的根压为0.05~0.25兆帕。根压可以通过伤流量的测定来判断。大豆伤流量的昼夜变化呈有节奏的昼增夜减趋势，一般在上午9时达到最大值。有研究表明，伤流量会随着大豆植株生长量的增加而逐渐增大，大致在开花盛期至结荚初期达到高峰，而后随着根系和茎的衰老而逐渐下降。根压在植株吸水中所起的作用是次要的。

蒸腾拉力是大豆根系被动吸水的动力，也是大豆植株吸水的主要动力。水分从叶片的气孔蒸腾到大气中去，使叶肉细胞因失水而水势降低，于是形成一种拉力。这种拉力先传递到邻近水势较高的细胞，并从中吸水；接着传递到叶脉导管周围的叶肉细胞、叶脉导管、茎秆导管，直达根系，构成自上而下的不间断的水流供给。

在土壤-大豆植株-近地面空气层的连续体系中，水分是由高水势处向低水势处流动的。土壤的水势因含水量而异，一般在0~1兆帕。只要根细胞的水势低于土壤水势，水分就可以通过根毛进入植株体内。大豆植株体内的水势因土壤含水量、空气湿度等因素而异，为-0.4~4兆帕。在气温为15℃、相对湿度为60%的情况下，空气的水势为-70兆帕，远远低于大豆植株体内的水势。土壤-大豆植株-大气之间的水势梯度差异悬殊，保证了大豆植株体内源源不断的水流。

二、水分在大豆体内的传导

土壤溶液的渗透势、土壤毛细管力和土壤胶体的吸附力等都会阻碍或影响水分进入大豆根系。这些阻力构成了土壤的保水力，土壤含水量越少保水力越大。只有在根系的吸水力超过土壤的保水力时，根系才能从土壤中吸收到水。

当轻壤土的含水量在 5%或重壤土含水量在 10%时，大豆植株就不能再从土壤中吸到水分，植株处于萎蔫状态。

水分经根毛进入根系之后，经活细胞进入木质部导管或管胞，通过茎、叶脉导管或管胞，直达叶肉细胞。据估算，水分在大豆体内传导过程中所遇到的阻力较大。与许多作物相比，大豆根部横向组织的阻力大很多。要维持大豆体内与其他作物相同的水分流量，所需土壤含水量要高得多。

蒸腾是水分以水蒸气形式从叶片表面的气孔向大气中扩散，而气孔对水蒸气的扩散是有阻力的。当气孔完全开放时，阻力最小；气孔关闭时，阻力可增加 10 倍左右。气孔阻力还受土壤水势的制约，随着土壤水势的降低，气孔阻力递增。研究证明，叶片水势在 $-0.6 \sim -1.1$ 兆帕时，气体的扩散阻力基本上保持不变；但随着水势的继续下降，扩散阻力逐渐增加。

三、大豆的蒸腾作用

1. 蒸腾的作用

蒸腾作用是指水分以气体状态通过植株体的表面从体内扩散到大气中的过程。蒸腾作用是受植株结构和生理活动调控的，蒸腾作用散失水分对大豆植株来说，具有重要的生理意义。

（1）蒸腾作用是大豆水分吸收与运转的关键驱动力。叶片的蒸腾作用在植株体内形成水势梯度，从而在导管内产生强大的吸水力量，这是大豆根系吸水以及体内水分运转的主要推动力量。若无蒸腾作用，由蒸腾拉力引起的吸水过程将无法进行，植株的高位部分也将难以获取所需水分。蒸腾拉力持续地将水分输送到大豆体内，确保叶片保持膨胀状态，进而维持各种生理活动的正常运转。

（2）蒸腾作用有助于促进大豆木质部导管中矿物质和有机物的运输。叶片的蒸腾作用导致导管内形成连续的水流，即蒸腾流。这种水流将溶解在水中的矿物质和其他物质输送到植株体的各个部位，确保营养物质的均衡分布。

（3）蒸腾作用能有效降低大豆叶片的温度。在阳光直射下，植株会产生大量热量，而蒸腾作用通过散失大量水分，可以有效地降低叶片温度，保护植株免受高温伤害。

（4）蒸腾作用对气体交换具有积极意义。由于蒸腾作用主要以气孔蒸腾为主，因此开放的气孔为二氧化碳进入植株体内提供了主要通道，有利于光合作用的进行。正常的蒸腾作用与光合作用相辅相成，两者同步进行。由于从叶片到空气的水蒸气压梯度远大于二氧化碳从空气到叶内的浓度梯度，因此水分的蒸腾速度远超二氧化碳的固定速度。

2. 蒸腾速率的日变化

大豆叶片的蒸腾速率受太阳辐射、空气温度和湿度及土壤含水量等多种因素的影响，在一天内呈现节奏性变化。苗以农等（1989）采用春大豆于结荚期对叶片的蒸腾速率进行了测定，结果表明，在一天之中，从早晨6时到下午14时大豆叶片的蒸腾速率，随着太阳辐射增强和叶片温度增高，蒸腾速率逐渐增大，14时达到高峰值，而后又逐渐减小，日进程呈单峰曲线。高辉远等（1992）采用夏大豆品系7605进行盆栽试验，结果证实，夏大豆分枝期叶片的蒸腾速率变化也呈单峰曲线，最大速率出现在13时前后。李永孝等（1994）在5种供水量条件下，测定了夏大豆鲁豆4号主茎自上而下第2、第3叶片的蒸腾速率日变化。不论何种供水处理，自早至晚，蒸腾速率均随时间推移呈单峰曲线，13时前后达最大值。

3. 蒸腾速率的季节变化

大豆叶片的蒸腾速率也随生育进程而变化。从幼苗期到结荚期是逐渐增大的，于结荚期达到最大值，而后逐渐减小。闫秀峰等（1990）在大田条件下测定了8个大豆早熟品种、8个中熟品种和8个晚熟品种各个生育时期的叶片光合速率、蒸腾速率和水分利用效率。结果表明，除初生叶期之外，自幼苗期至结荚期，叶片的光合速率和蒸腾速率是以相近的速度增长的，而水分利用效率变化不大（2.13~2.41毫克（CO_2）/克水）。蒸腾速率在结荚期达到高峰，而后迅速下降；光合速率到鼓粒期才达到高峰，并随着叶片变黄衰老而急剧下降。因此鼓粒期大豆的水分利用效率迅速上升3.32毫克（CO_2）/克水）。

研究表明，大豆叶片的蒸腾速率随株龄增长而变化，不同生育时期展开的相同叶龄的叶片，其蒸腾速率存在明显的差异。始花期展开的叶片的蒸腾速率明显地高于分枝期展开的叶片；结荚末期展开的叶片又高于始花期展开的叶片。结荚末期以后，越晚展开的叶片，其蒸腾速率越低。对夏大豆来说，主茎叶片的平均最大蒸腾速率出现在株龄第42天前后。

4. 叶片性状与蒸腾

大豆的避光运动能通过叶枕运动降低太阳光的截获，从而减少蒸腾失水。有研究者调查了植株水势和光合作用量子流密度对叶片避光运动的影响，结果表明，真叶之间的角度（测定叶片基部）与水势密切相关，但光合作用量子流密度降低时，一定植株水势下真叶和新出的三出复叶的避光运动很弱。避光运动和植株水分状况的改善与较低的叶温有关。叶片避光运动与气孔关闭呈平行反应，在大约-0.4兆帕时出现。大豆幼苗叶片的避光运动说明，植株在低水势和高光合作用量子流密度下，随着气孔的关闭能降低蒸腾作用。较高的太阳辐射会增加蒸腾，导致叶片水势暂时下降，而将植株置于低量子流密度下，并不引起叶片水势下降，这些叶片水势的变化与土壤水分状况无关。叶片定向、叶片代谢和土壤有效性之间存在密切关系。

茸毛密度的增加会增加叶表面反射性。较大的叶反射性会降低蒸腾，因为它能降低冠层表面对太阳辐射的接收，而且，如果有更多的辐射反射到冠层下部荫蔽叶片时，还能增加光合作用，这两种效应均会改善水分利用效率。一般而言，具有较高茸毛密度的品种较正常茸毛密度的品种产量要高，熟期稍晚，植株较高，倒伏指数大，百粒重较大，籽粒品质较差。

增加叶面积会增加二氧化碳固定能力，但也会增加蒸腾，并可导致植株内出现水分亏缺。在限水处理中，摘叶后叶面积的降低会增加叶片水势，使叶片保持更高的气孔导度和表观光合速率。摘叶处理只有在供水良好的条件下籽粒产量才会降低，在限水处理中，摘叶对籽粒产量无影响，说明水分供应与叶面积的比例是实现大豆高产的关键。利用植物生长调节剂能降低大豆蒸腾速率。蒸腾速率的降低是通过部分气孔关闭，降低气孔蒸腾来实现的。

5. 蒸腾与固氮

在豆科作物中，净光合产物的10%～20%被固氮过程所消耗。如果生殖生长期间光合产物制约植株生长，增加固氮似乎会降低总的物质形成和籽粒产量。为了证实这种推测，研究者采用水培法进行营养供应处理，营养供应包括最低限量的尿素或过量的硝酸盐或硝酸盐加尿素。结果表明，鼓粒期间的高速固氮能增加蒸腾和净光合，增加可利用氮素的有效性。伴随的蒸腾和光合的增加会显著提高植株的总生物量和籽粒产量，说明增加固氮是一种增加大豆籽粒产量的有效途径。蒸腾速率的变化不会影响大豆根瘤中酰脲的含量，而如果整株植株韧皮部向根瘤的运输能力降低会导致固氮酶活性降低，根瘤中酰脲的含量升高。根瘤中木质部的物质输出与韧皮部的物质输入有关，而与植株根系中的蒸腾流无关。

6. 二氧化碳浓度与蒸腾的关系

在大气正常二氧化碳浓度条件（330 毫克/千克）下，大豆植株单位叶面积的蒸腾强度较比浓度二氧化碳条件（705 毫克/千克）下的要大。大气正常二氧化碳下大豆的平均蒸腾强度为 731 克/（平方米·天），而在高浓度二氧化碳条件下则为 416 克/（平方米·天）。研究证明，高二氧化碳条件（660 毫克/千克）下大豆叶片的蒸腾速率日变化与大气正常二氧化碳条件下的没有差异。在高二氧化碳条件下叶温高约 1.5℃，全天的叶片阻力较大气正常二氧化碳条件下的要高，水分利用效率（水分利用效率＝二氧化碳交换速率/蒸腾速率）是大气正常二氧化碳条件下的约 2 倍。适应了大气正常二氧化碳或高二氧化碳浓度条件的大豆植株，其叶片的蒸腾速率受短期二氧化碳变化的影响不明显，然而，无论二氧化碳的适应水平如何，叶温和叶片阻力均随二氧化碳浓度增加而增加。研究还证明，高二氧化碳条件下蒸腾速率与大气正常二氧化碳条件下的相似，因为高二氧化碳引起叶片阻力的增加会部分地被叶温升高造成的叶片与大气之间蒸气压梯度的增加所抵消。适应高二氧化碳条件的叶片的水分利用效率较适应大气正常二氧化碳条件的要高，主要是因为碳交换速率增加了 2 倍。

大豆是需水较多的作物。大豆的水分利用效率比玉米、高粱和小麦分别低 33.06%、31.47% 和 27.23%。因此生产同质量的干物质，大豆所耗费的水分大约比粮谷作物多 30%。研究结果还表明，品种之间蒸腾系数的差异是很大的；而同一大豆品种在不同生育时期的蒸腾系数也是不一样的，越到生育期后期耗水越多。

第三节 大豆需水规律情况与产量的形成

一、大豆需水规律情况

大豆是需水较多的作物，每形成 1 克干物质需要消耗 600~1 000 克水分，比小麦、玉米、高粱、谷子、甘薯等作物都高。大豆全生育期的耗水量与产量的关系极密切，在一定范围内，产量随耗水量的增加而增加。但若降水量和灌溉量超出一定范围，反而会因土壤水分的继续增加，产量增加的速度渐渐减慢，以致最后停止。大豆的耗水量与产量的关系是一种曲线关系。大豆不同生育时期的需水量不同，从初花到鼓粒中期是大豆吸水速度最快、耗水最多的时期，开花之前及接近成熟时耗水较少。

二、大豆产量的形成与耗水量情况

1. 单株大豆耗水量情况

大豆单株耗水包括土壤蒸发和植株蒸腾，宋英淑（1983）在哈尔滨采用黑农 26 号大豆进行的盆栽试验表明，自真叶展开至鼓粒末期，一株大豆的总耗水量为 24.64 千克。李磊（1987）通过人工控制土壤田间持水量的方法测得，夏大豆阜阳 25 号单株的一生耗水量为 14.6 千克。王琳等（1991）在盆栽条件下测定了辽豆 3 号的单株耗水量。研究结果表明，大豆植株耗水量的多少与土壤含水量高低和施肥多少有关：适当施肥（每 12 千克土施硫酸铵 2.12 克、三料磷 2.08 克）、适当灌水（前、中、后期的土壤含水量分别保持在 15%、26%、20%）处理时，大豆单株总耗水量为 20.57 千克；不施肥、土壤含水量较低（三期分别为 15%、20%、15%）处理时，单株的总耗水量为 14.95 千克；而施肥过多（每 12 千克土施硫酸铵 3.58 克、三料磷 10.00 克）、土壤含水量过高（三期均为 30%）处理时，单株总耗水量达 30.50 千克。

2. 整体大豆耗水量情况

大豆的产量与田间耗水量有着密切的关系。在一定的范围内，随着土壤田间持水量和田间耗水量的增加，大豆产量也相应增加。每形成 1 千克大豆籽粒，田间的水分消耗为 1.95~2.30 吨，即大约 2 吨水可生产 1 千克籽粒。大豆产量与生育期间的田间耗水量呈极显著的正相关。陈淑芬（1981）的研究表明，每形成 1 千克大豆籽粒消耗 0~50 米土层内的水 1.4 吨左右，大豆产量与总耗水量呈极显著的正相关，总耗水量与大豆株高呈显著正相关，与单株粒数、百粒重呈极显著正相关。

李永孝等（1986）对山东省夏大豆联合区域试验资料进行计算的结果表

明，丰收黄大豆每形成 1 千克籽粒需耗水 2.22 吨，文丰 5 号大豆每生产 1 千克籽粒需耗水 2.23 吨。

丁希泉等（1982）采用小金黄 1 号和吉林 13 号大豆品种，在滴灌条件下进行的研究表明，大豆生育期间耗水量与大豆产量之间有密切的关系。在耗水量为 300~700 毫米范围内，随着耗水量的增加，大豆产量也明显增加，两者呈极显著的正相关。宋英淑（1983）则证明，大豆黑农 26 号的籽粒产量与全生育期的平均日耗水量呈极显著正相关，但不同生育时期的植株耗水量对产量的影响却是不一致的，分枝期耗水量与产量相关不显著，开花结荚期和结荚鼓粒期的耗水量与单株粒数的相关关系均达到了极显著水平。

3. 不同时期大豆耗水量情况

大豆一生中不同生育时期的耗水量因植株生育的进程、植株大小、群体长势不同而有很大的差异。据吉林省农业科学院对 1955—1976 年大豆耗水量的统计结果，春大豆开花结荚期平均日耗水量最大；而就阶段耗水量而言，以结荚鼓粒期耗水为最多。

夏大豆各生育时期的耗水量与春大豆有所不同。据山东省德州灌溉试验站（1959）的测定结果，夏大豆分枝期耗水最多，这一阶段的日耗水量也最大，达 4.48 毫米，开花结荚期和鼓粒期的日耗水量则分别为 3.92 毫米和 2.61 毫米。李磊等（1987）采用阜阳 250 大豆品种，测定了各生育阶段的耗水量，结果表明，日耗水最大的时间正是在始花至盛荚阶段，盛荚至鼓粒中期阶段的日耗水量已经有所下降。说明，夏大豆耗水量多的时间，与春大豆相比偏早一些。

4. 影响大豆耗水量的因素

大豆单株和群体的蒸腾量是受单株叶片数和群体叶面积指数制约的。随着叶片数和叶面积指数的增加，蒸腾量逐渐上升，大致在单株叶片已全部展开而下部叶片尚未变黄，群体叶面积指数达最大时，蒸腾量也达到高峰值。之后因叶片衰老和脱落，蒸腾量显著下降。

种植密度和植株田间配置方式对蒸腾量有明显的影响。有人将大豆行距从 100 米缩小到 50 米，结果蒸腾由 129 毫米增加到 226 毫米。大豆耗水量与种植密度有密切关系，当植株密度小，叶面积指数为 2 时，蒸腾作用占总蒸发和蒸腾量的 50%；而种植密度大，叶面积指数等于 4 时，则占 95%。另外，气孔密度和气孔的开闭均会制约大豆的蒸腾量,从而影响大豆的耗水量。

第四节 大豆的需水灌溉

一、灌溉依据

大豆的灌溉需要根据大豆对水分的需求、土壤水分状况和天气情况来合理调控。适时适量的灌溉可以确保大豆正常生长,获得高产量和高水分利用效率。

1. 土壤含水量

土壤水分状况是判断是否需要灌溉的重要依据,需要注意土壤含水量的上限和下限。

2. 大豆生理情况

含水量低于凋萎系数时应及时灌溉,而植株体内含水量在 69%~75%时生长状态良好,降至 59%~64%时植株凋萎。据王滔等(1988)测定,夏大豆品种丰收黄初花期植株含水量在 77.9%时生育正常,含水量为 74.5%时,植株出现旱象,需要灌溉。随着生育进程,大豆植株体内相对含水量有下降的趋势。因此,不同生育阶段,适宜灌溉的生理指标也是不同的。另外,叶片吸水力、气孔开张度等都可能作为灌溉的依据。若几项生理指标同时测定,并与植株长相相结合,以确定适宜的灌溉时期,则更为合理。

3. 自然降水

自然降水与大豆需水完全吻合的机会是很少有的。据对辽宁省新民市大豆需水和降水分布的分析结果,当地枯水年(如 1992 年)大豆生育期间降水只能保证生产大豆籽粒每公顷 2 448 千克;雨量充沛年(如 1991 年)虽然降水能保证生产大豆每公顷 5 571 千克,但是实际上由于降水分布不均,大豆每公顷产量仍在 2 400 千克上下。辽宁省大豆欲获得每公顷 4 500 千克的籽粒产量,必须有灌溉条件。颜春起(1992)对小兴安岭西南的赵光地区进行了多年定位观测,结果表明,以大豆每公顷产量 1 950 千克计,分枝以前和鼓粒以后,当地自然降水的保证率为80%，而开花结荚期的保证率只有60%。

二、需水灌溉时期

1. 播前灌溉

大豆因其籽粒较大，富含蛋白质与脂肪，故发芽过程中所需水分较多，通常需吸收相当于自身质量120%~140%的水分。若土壤湿度不足，即便播种技术再高超，也可能导致出苗不均匀，影响群体生长，最终降低产量。特别是在干旱地区或播种前土壤湿度不佳的区域，播前进行灌溉坐水种植至关重要，这样可以确保大豆发芽所需的水分充足，实现苗全、苗齐、苗壮，为构建高产且结构合理的群体奠定坚实基础。

2. 苗期灌溉

大豆幼苗期对水分的需求相对较少。如果土壤湿度过高，容易导致幼苗节间过度伸长，从而降低其抗倒伏能力，同时结荚部位会上升，坐荚数量减少，最终影响产量。因此，大豆幼苗期通常不建议灌溉，而是采取适当的蹲苗措施，以促进根系深入土壤。

3. 分枝期灌溉

大豆的分枝期是营养生长逐渐旺盛的重要阶段，此时植株对水分的需求日益增加。在这个阶段，适度的水分供应对于促进分枝的生长和花芽的分化至关重要。灌溉时，应注意控制灌水量，避免过多导致土壤过湿，影响大豆的正常生长。

4. 开花结荚期灌溉

进入开花结荚期，大豆的生长进入最旺盛的阶段，对水分的需求变得尤为迫切。在春大豆种植区，尽管这一时期通常也是多雨季节，但水分亏缺的情况仍然可能发生。因此，遇到干旱时，及时进行灌溉对于确保大豆的产量至关重要。灌溉可以显著提高大豆的产量，增产幅度有时甚至能达到50%或更高。

对于夏大豆而言，同样如此。在开花结荚期遇到干旱时，灌溉的增产效果也十分显著，增产幅度可达32%~45%。在灌溉时，应确保灌水量足够，以满足大豆生长的需求。通常，每次每公顷的灌溉用水量为600~675立方米，这相当于60.0~67.5毫米的自然降水。

5. 鼓粒期灌溉

结荚鼓粒期是大豆生长过程中极为关键的阶段，其需水量和水分敏感性都呈现出特定的规律。在结荚鼓粒初期，大豆的需水量达到高峰，这是因为此时大豆植株正处于生殖生长和营养生长的双重高峰期，需要大量的水分来支持其正常生长发育。然而，随着鼓粒期的推进，虽然需水量逐渐减少，但大豆对水分的敏感性却愈发增强。鼓粒前期若遭遇干旱，会严重影响籽粒的正常发育，导致单株荚数和粒数显著下降。这是因为干旱会限制大豆的光合作用和营养物质的运输，从而抑制了籽粒的形成和充实。同样，鼓粒中后期缺水也会导致粒重明显降低，因为此时大豆正在积累干物质和充实籽粒，水分的缺乏会直接影响其产量和品质。

保持适宜的土壤水分对于提高大豆的结实率、增加荚数、粒数和粒重至关重要。这不仅可以显著提高大豆的产量，还能保证其品质。宋英淑（1979）的研究也证实了这一点，她发现鼓粒期灌溉的大豆每公顷产量达到了2 976千克，比花期灌溉增产了13.2%。不同品种的大豆对灌溉的反应也有所不同。一些品种在灌溉后能够显著提高产量，增产幅度较大，而另一些品种的增产幅度则相对较小。这可能与不同品种的生理特性和对环境的适应性有关。

三、大豆的合理灌溉

大豆鼓粒期灌溉对籽粒产量大有好处。Cooper 等（1991）认为具有适当的土壤灌溉系统和生产潜力高的品种生产系统，在美国湿润的中西部地区长期获得每公顷5 300千克的大豆籽粒产量是可能的。增产的重要原因是灌溉大豆的花、荚脱落率要比不灌溉的低。

大豆产量对灌溉的反应因年度而异，并直接与降雨分布有关。在正常年份，开花期和鼓粒期灌溉的大豆 Dare 品种的产量要比对照每公顷高161千克，Ransom 品种的产量每公顷要高168千克，全生育期灌溉时 Ransom 的产量较对照每公顷高323千克。全生育期灌溉可使大豆的每荚粒数和百粒重明显增加。开花期灌溉、鼓粒期灌溉、开花期+鼓粒期灌溉及全生育期灌溉对单株荚数、单株粒数、株高和结荚高度没有大的影响。在干旱年份，始花期早灌溉是有益的，并且应该在生育期间根据需要再灌溉。在始花前水分充足的年份，如果生殖生长期缺水也应及时补充灌水。

灌溉条件对作物产量的影响是多方面的，其中土壤氮素含量是一个重要的制约因素。在大豆种植中，这一点尤为突出。由于大豆是氮素需求较高的作物，因此土壤中的氮素水平直接影响到大豆的生长和产量。

对于生育期较长的品种，它们往往需要更多的时间和资源来完成整个生长周期。当遭遇干旱时，这些品种由于生长周期长，其受到的影响往往更大，产量下降的幅度也通常更大。相比之下，生育期较短的品种由于种子发育较早，能够在水分胁迫之前形成更多的干物质来供应籽粒，因此其产量下降的幅度相对较小。

在大豆的生长过程中，鼓粒初期是一个特别敏感的时期。此时，大豆正处于籽粒形成和充实的关键阶段，对水分和氮素的需求都极高。如果此时遭遇干旱，大豆的产量损失将会最为严重。因此，确保鼓粒初期的水分和氮素供应对于提高大豆产量至关重要。

为了提高大豆产量，增加土壤氮素的有效性或提高固氮速率是关键措施。这可以通过施用氮肥、种植固氮作物或利用生物固氮技术来实现。这些措施有助于增加植株氮素的供应，促进大豆的生长和发育，从而显著提高大豆的产量。灌溉和施肥都是提高大豆产量的有效手段。灌溉可以确保大豆在生长过程中获得足够的水分，特别是在干旱条件下，灌溉对于维持大豆的正常生长至关重要。而施肥则可以补充土壤中的氮素和其他营养元素，满足大豆生长的需求。研究表明，灌溉和施肥都能有效增加大豆的产量，但灌溉对大豆籽粒蛋白质和脂肪的影响效应往往大于施氮肥的效应。因此，在制定种植策略时，需要综合考虑灌溉和施肥的协同作用，以实现大豆的高产和优质。

第五节　排水

一、灌水过多

1. 灌水过多对种子的影响

过多的水分对大豆种子的萌发确实具有显著的负面影响，这一点在李学湛等的研究中得到了明确的证实。他们针对合丰 25 号大豆种子进行了渍水处理实验，结果发现在萌动期，仅仅 4 天的渍水就会导致子叶细胞出现质壁分离的现象。质壁分离是细胞失水的一种表现，说明细胞内的水分正在流失，这对细胞的正常功能构成了威胁。当渍水时间进一步延长至 8 天时，蛋白质体和类细胞器这些对细胞生命活动至关重要的结构都会遭受破坏，这无疑会对种子的萌发和后续生长产生极其不利的影响。该研究还对比了耐涝性较强的绥农 6 号大豆在相同条件下的表现。绥农 6 号虽然也受到了渍水的影响，但其子叶细胞壁附近出现了多层类脂体，这可能是一种应对水分过多的保护机制。此外，其质壁分离现象仅在少数细胞中观察到，说明绥农 6 号在抵抗水分过多方面表现出了较强的能力。

这些研究结果表明，大豆种子的萌发对水分的需求是精细而敏感的。过多的水分不仅不能促进种子的萌发，反而会对细胞结构造成破坏，影响种子的正常生长。因此，在种植大豆时，我们需要严格控制灌溉量，避免种子和幼苗长时间处于淹水状态。同时，选择耐涝性较强的品种也是降低水分过多风险的一种有效手段。我们还可以通过其他农业管理措施来应对水分过多的问题，比如改善排水系统，确保在雨季能够迅速排出田间积水；合理轮作和间作，利用不同作物对水分的不同需求来平衡土壤湿度；以及使用土壤改良剂，提高土壤的保水性和透气性，为大豆生长创造一个更加适宜的环境。

宋英淑在 1989 年的试验中进一步证实，当环境温度约为 15℃ 时，经过 6 天的渍水处理，不同大豆品种（系）的种子发芽率表现出显著差异。部分品种的发芽率仍能保持在 87% 以上，而另一些品种的发芽率已下降至 60% 以下。此外，试验还揭示了一个重要的现象：在渍水条件下，若气温上升（如达到 20℃），大豆种子的发芽率将急剧下降。这些研究结果均表明，合理控制水分和温度条件对于大豆种子的萌发至关重要。

2. 灌水过多对生长发育的影响

苗期水分过多通常会导致地温降低，同时土壤中的氧气含量也会减少。这种环境条件下，大豆的根系更倾向于在土壤表层横向生长，而较少向土壤纵深伸展。宋英淑在 1989 年的盆栽实验中，分别在大豆的分枝期、始花期、盛花期和鼓粒期进行了渍水试验，得出了以下重要结论：在分枝期渍水，会严重妨碍植株的营养生长，导致花芽发育受阻。这是因为分枝期是大豆营养生长的关键时期，过多的水分影响了根系的正常发育和土壤养分的吸收。始花期是大豆营养生长和生殖生长并进的初期，此时渍水不仅影响营养体的正常生长，还会导致蕾花脱落，进一步影响后续的生殖过程。盛花期正值豆荚形成期，是大豆产量形成的关键时期。此时渍水会导致大量豆荚脱落，粒数显著减少，对产量的影响最为严重。鼓粒期是大豆籽粒灌浆的重要阶段，渍水会导致种子发育停止，百粒重明显下降，严重影响最终产量和品质。综上所述，大豆在不同生长阶段对渍水的敏感性和影响程度存在差异，但总体来说，过多的水分都会对大豆的生长和产量产生不利影响。因此，在种植大豆时，应合理控制水分，避免渍水现象的发生，以保证大豆的正常生长和高产。

安徽省黄河农场的淹水试验明确揭示了大豆在开花期、结荚期和鼓粒期受涝时，与对照相比，分别减产32.8%、16.1%和18.5%。这显示出淹水对大豆产量的显著影响。同时，淹水还导致根瘤与大气间的气体交换受阻，进而抑制根瘤固氮，这通常会导致大豆种子的蛋白质含量降低，而油分含量上升。

大豆植株在短暂的淹水条件下（2~3昼夜），如果水温稳定且之后水能退去，植株仍有可能继续生长。然而，如果淹水的同时遇到高温，植株将大批死亡。更深入地看，渍水还会导致大豆植株的叶绿素含量下降，进一步影响其光合作用和生长。此外，当土壤水势达到一定程度时，病原菌容易侵染正在萌发的种子或根部，导致生长停滞。然而，大豆植株也具有一定的适应性。在淹水条件下，大豆植株会通过增粗茎秆、在水下茎上长出气生根等方式来形成通气组织，改善根系的通气状况。这种适应性变化与乙烯的作用密切相关。淹水后，植株体内缺氧会激发乙烯的产生，而乙烯的增加又会刺激纤维素酶活力的提升，最终促进通气组织的形成。

二、排水

大豆田涝害主要有洪涝和内涝两种类型。洪涝通常是由于当地江河因降水过多或上游降水强度过大导致的泛滥。这种情况在春大豆和夏大豆种植区都较为常见，尤其是在降雨过于集中的时段，大豆田往往会被淹水，严重影响大豆的生长和产量形成。

内涝则主要源于地势低洼或地下水位过高。在多雨季节，地面滞水现象会导致土壤湿度过高，对大豆生长产生不利影响。以安徽省阜阳地区为例，当地地下水位上升至一定高度时，土壤湿度会显著增加，甚至达到溢出地表的程度，此时若不采取及时有效的排水措施，大豆产量将会大幅度减少。

为了有效应对大豆田中的涝害问题，采取排水措施至关重要。在涝害频发的区域，我们确实需要建立起以排水为主导，同时结合排灌功能的农田水利配套工程。这样的工程体系能够确保在雨季或涝害发生时，田间多余的土壤水分能够及时、有效地被排除，从而保护大豆的正常生长。实施排水工程可以包括多种方法。开明沟是一种常见的排水措施，它通过在田间挖掘明渠来引导多余的水分流出。此外，埋设地下排水波纹暗管也是一种高效的排水方式，这些暗管能够收集并引导地下水流向适当的排放点，进一步防止土壤过度湿润。

在耕作措施上，建立台田是一种极具针对性的治涝方法。特别是在那些容易积水或内涝的地区，台田耕作显示出其独特的优势。通过构建台田，并在其两侧挖掘深沟，我们可以有效地降低地下水位，减少内涝的风险。这种耕作方式不仅简单易行，而且成本相对较低，非常适合在大豆主产区广泛推广。垄作栽培和平播后起垄栽培也是大豆主产区常用的耕作方式。这些栽培方式不仅有助于干旱时的灌溉，更重要的是，在涝害发生时，它们能够迅速排水，防止大豆长时间处于水浸状态。例如，黑龙江省垦区所采用的"三垄"栽培法，在降水较多的年份里，其土壤含水量明显低于对照田，且能够有效避免内涝现象的发生。

第四章　播前准备

第一节　播前误区

一、茬口误区

在大豆生产实践中，有些农户错误地认为大豆对茬口要求不严，因此，出现了大豆"重迎茬"现象，导致大豆病虫害滋生，产量和品质下降，种植效益降低。大豆除了忌重迎茬外，对前茬作物要求也比较严格，大豆一般不适宜种植在豆科作物（比如小豆、绿豆等）和向日葵的茬口上。

二、品种误区

近年来，随着人们科学种田意识的提高，逐渐认识到大豆新品种在生产中的作用越来越重要，特别是在高油、高蛋白等专用型大豆生产中，品种的选择起着决定性的作用。然而由于缺乏相应的知识，造成因大豆品种选用不当而减产甚至绝收的事件常常发生。特别是受到一些小报、小刊中虚假广告的影响，有的农户不远万里，花高价购买所谓的"千斤豆""太空豆"，结果产量很低，甚至不能正常成熟，造成很大损失。大豆是短日照作物，对日照长度十分敏感，在大豆引种时，在同纬度地区引种容易成功，比如，新疆石河子地区可以从吉林省引种，尽管引种距离较远，但容易成功。大豆引种时一般不要跨大纬度进行引种。北种南引，大豆开花提前，生育期会缩短，只能通过增加种植密度来获得比较高的产量。比如，黑龙江省培育的大豆引到辽宁后，生育期会大大缩短。可以做夏播大豆，通过密植获得一定的产量；如果做春播，产量和品质一般都不如当地培育的品种。同样，南种北引，大豆开花延迟，生育期大大延长，一般不能正常成熟，常常造成绝收。例如，山东省培育的品种引到辽宁种植，尽管引种距离较短，但常常出现枝叶繁茂，植株倒伏，不能正常成熟现象。另外，在生产专用型大豆时，特别要注意选用适宜的品种。普通型大豆生产中，品种和配套栽培措施的作用各占一半，但专用型大豆生产时，品种的作用约占70%，栽培措施的作用只占30%左右。比如，高油大豆的生产，一般要选用含油量超过21%的品种；高蛋白大豆的生产，要选择蛋白质含量超过45%的品种；菜用大豆（毛豆）的生产一定要选用籽粒大，容易裂荚的专用品种。

三、种子误区

对种子处理常常存在以下误区。第一，播种前一定要晒种。播种前晒种可以适当提高种子活力，增加出苗率，但不是播种前一定要晒种，而且晒种时要特别注意晒种的方法，切忌在水泥地上暴晒。第二，播种前不需要精选种子。目前，由于种子精选技术还不够完善，有些虫食粒和病斑粒没法精选出去，因此，从种子公司买回来的种子在播种前如果人力资源够用，一般要进行一次人工精选种子，剔除虫食粒、病斑粒和杂草种子，避免将病菌、虫卵、杂草种子带入土中，造成病虫草害滋生蔓延。第三，播种前一定要进行药剂拌种。一般播种前不需要进行药剂拌种，除非有些地块地下害虫严重或缺乏某种营养元素。在以前种植过大豆的地块上种大豆，一般不需要用根瘤菌剂进行拌种，增产效果也不佳，只有在新开垦的地块上种植大豆，拌根瘤菌才有一定的效果，而且不是所有的品种拌根瘤菌都有效，大豆根瘤菌和品种间存在专一性问题。第四，大豆播种前一定要进行种子包衣。在美国等发达国家大豆播种前一般都进行了包衣，在我国由于技术等种种原因，对大豆种子包衣技术的褒贬不一。从理论上来讲，种子包衣是有益的，可以减轻病虫害的危害，或通过包入微量元素可以解决土壤缺乏某种微量元素对大豆生长发育的不利影响，提高大豆的产量，改善籽粒品质。但如果种子包衣技术掌握不当，比如，包衣剂浓度过大，容易因种子萌发困难造成缺苗断苗，最终影响产量，降低生产效益。

四、除草剂误区

近年来，随着化学除草技术的不断完善，人们越来越喜欢采用化学除草剂来防除大豆田间杂草。由于在认识上还存在一些误区，导致因化学除草出现的问题屡见不鲜。采用化学除草剂进行大豆田间杂草防除时的主要误区有以下几点。

（1）化学除草剂可以将所有杂草防除，一次喷施，就可以不用再除草了。其实，适用大豆田的化学除草剂的杀草效果是选择性的，一种除草剂不可能防除所有种类的杂草；另外，除草剂的药效是有时间限制的，药效期过后生长的杂草，除草剂就不起作用了。

（2）大豆田除草剂只能在杂草生长后进行叶面喷施。实际上，大豆田除草剂有几种类型，可以根据当地的具体情况，进行选用。有适于播种前进行土壤处理的除草剂，也有适于播后苗前进行土壤封闭处理的除草剂，还有出苗后，进行茎叶处理的除草剂。

（3）所有的土壤类型都使用一种施用浓度。一般播后苗前进行土壤封闭处理的除草剂，在使用时要根据土壤类型作适当的浓度调整，砂性大的土壤施用浓度要适当降低，有机质含量较高的黏性土壤，除草剂的施用浓度要加大剂量20%左右，这样既可以达到理想的除草效果，又不会出现伤苗现象。

（4）任何天气条件下，除草剂都有很好的效果。事实上，大豆除草剂要发挥最大效果，一般需要土壤保持一定的墒情，土壤含水量太低，药效差；施药后降雨太多，药效也不佳，有时还会因除草剂药液下渗，造成药害。特别是氟乐灵、拉索、都尔、乙草胺等对土壤墒情要求较高，土壤墒情好，除草效果好。

（5）喷施除草剂时可以采用喷施一般农药的方法。喷施除草剂，特别是播后苗前封闭土壤的除草剂，为了保证封闭效果，在进行人工喷施时，一定要实行倒行作业，即人退着行走作业，否则，人行走的脚印处，得不到有效封闭，杂草丛生。在进行机械作业时，要求喷头挂在机械的后面，喷头与喷头之间的喷雾范围要交叉，实现全田全封闭。施药后，在药效时间内，不要进地，以免破坏封闭层，影响封闭效果。

（6）在进行喷药前，可以不清洗喷药器械。由于化学除草剂的除草种类和适用作物是有严格限制的，误用了微量的除草剂就可能对作物构成致命的伤害，因此，在每次使用前要对器械进行全面彻底的清洗，特别是在喷施了其他作物（如玉米）除草剂后，更要注意器械的清洁，防止污染。

五、基肥误区

长期以来，大豆被认为是需肥少的作物，不需要施太多的基肥就能获得高产。事实证明，这种观点是错误的。春播大豆每公顷底施 150 千克磷酸二铵，30 000 千克腐熟的有机肥，增产效果较好。夏播大豆由于抢时早播，来不及施有机肥，可以每公顷施 225 千克的磷酸二铵作基肥。

第二节　播前土地准备

一、整地

土壤作为大豆生长的基础，其质量对大豆的产量具有决定性的影响。为了确保大豆的高产，土壤需要满足一系列特定的条件。首先，活土层应该足够深，这有助于根系的深入发展和养分的吸收。其次，土壤应具备良好的通气性，以促进根系的呼吸和微生物的活动。同时，土壤还应具有蓄水保肥的能力，以应对不同季节的水分和养分需求。最后，地面应平整细碎，以便于播种和根系的均匀分布。

为了改善土壤环境，提高土壤肥力，并减轻杂草和病虫的危害，合理的深翻和细致的整地是至关重要的。在有机械耕翻条件的地区，秋季前茬收获后，可以利用除茬机打碎茬子，并进行深翻，深度控制在 16～20 米。随后进行耙地和整压，确保地表平整、土壤细碎，耕层上松下实，无大土块和暗坷垃，以待春季垄上播种。打垄时，垄的直线性和垄距的准确性都需严格控制。

二、轮作

大豆的种植中，重茬和迎茬是严重影响产量和质量的因素。重茬和迎茬种植大豆会导致植株生长迟缓，叶色变黄，容易感染病虫害，进而造成植株矮小、结荚少、籽粒小，最终导致产量显著降低。这种现象在民间被称为"火龙秧子"。黑龙江省国营农场管理局的调查数据显示，大豆重茬减产幅度高达11.1%~34.6%，迎茬减产也达到5%~20%。

大豆减产的众多原因确实涉及病害、虫害、土壤养分以及作物自身生理特点等多个方面。这些因素不仅影响大豆的正常生长，还可能导致产量和品质的显著下降。大豆作为寄主的病害如孢囊线虫病、根腐病、细菌性斑点病、黑斑病、立枯病等，在适宜的环境条件下容易蔓延，对大豆植株造成严重的损害。这些病害不仅影响大豆的光合作用和营养吸收，还可能导致植株死亡，从而显著降低产量。害虫如食心虫、蚜螬等的猖獗也是导致大豆减产的重要原因。这些害虫会直接取食大豆的叶片、茎秆和豆荚，影响大豆的光合作用和生殖生长，导致产量下降。大豆对磷的需求较大，而豆茬土壤中的五氧化二磷含量相对较低，这不利于大豆的生长。磷是植物生长的重要元素，对大豆的根系发育、开花结荚和籽粒形成都有重要作用。因此，土壤磷素的不足会直接影响大豆的产量。大豆根系分泌物会抑制大豆自身的生长发育，降低根瘤菌的固氮能力。根瘤菌是大豆生长过程中重要的共生微生物，能够固定空气中的氮气为大豆提供氮素营养。然而，大豆根系分泌物的抑制作用会减弱这种共生关系，导致大豆氮素供应不足，进而影响产量。大豆根际土壤环境中的紫青霉分泌的毒素也会抑制大豆种子萌发和根系生长。这种毒素的存在会破坏大豆种子的萌发环境，抑制根系的正常生长，从而影响大豆的整体生长和产量。

为了避免这些问题，大豆在生产上应避免重茬和迎茬，最好与其他作物实行3年以上的轮作。轮作不仅可以减轻病害和虫害的发生，还可以改善土壤结构，提高土壤肥力，有利于大豆的生长和产量提高。同时，实行连片种植、统一整地、施肥、供种、播种等管理措施，可以进一步提高种植效率，降低生产成本，增加经济效益。

三、茬口选择

大豆在轮作中的适应性和前茬作物选择是农业生产中需要仔细考虑的问题。大豆本身对前茬作物的要求并不严格，多种作物如小麦、玉米、高粱以及亚麻、甜菜等都可以作为大豆的适宜前作。这些作物在种植后，其土壤环境和养分残留对大豆的生长并不会产生明显的负面影响。

然而，大豆忌与豆科作物和向日葵连作，这是因为连作可能导致土壤中特定病虫害的积累，从而影响大豆的生长和产量。豆科作物和向日葵与大豆存在相似的病虫害，连作会加剧这些病虫害的传播和发生。

作物轮作是农业生产中一种重要的种植制度，它不仅可以提高作物的产量和品质，还能有效地防治病虫害。例如，沈阳农业大学的研究发现，在孢囊线虫病严重的地块，通过种植一茬蓖麻后再种大豆，可以有效地抑制孢囊线虫的危害。

第三节　正确选用品种

在选用和引种大豆品种时，我们需综合考虑多个因素，包括品种的适应性、光周期和结荚习性等。这些因素直接关系到大豆的生长状况、产量以及种植效益。

品种的适应性是大豆长期适应不同环境条件，在形态结构和生理生化特性上发生改变而形成的特性。由于大豆是短日照作物，不同地区的日照长度会影响其生长习性。例如，北方的长日照环境下形成了短日性较弱的品种，而南方的短日照环境则形成了短日性较强的品种。因此，在引种时，我们需特别注意品种对日照的反应，避免由于日照条件的不匹配导致生长不良或产量下降。

光周期是大豆生长发育的关键因素。大豆在特定的光周期条件下才能开花，否则将一直处于营养生长状态。了解大豆品种对光照反应的规律性，有助于我们更好地进行引种和育种工作。例如，将南方的短日性强的品种引到北方可能会导致花期延迟，但有利于作为饲料种植；而将北方的品种引到南方种植则可能会加速发育，但植株矮小，产量较低。

第四节　播前种子准备

1. 大豆种子选择

种子精选时需剔除病斑粒、虫食粒和杂质，使种子达到一级良种的指标，即纯度高于98%，净度高于97%，发芽率高于90%，含水量为13%。

2. 药剂的拌种

（1）采用25%呋多种衣剂包衣种子，种衣剂与种子质量比例为1：（70~80）。

（2）用北农牌30%克福多大豆种衣剂处理种子，种衣剂与种子质量比例为1：（50~60）。可防治大豆蚜虫、蓟马、地下害虫、线虫、大豆根腐病及缺素症等。

（3）用50%辛硫磷乳油或25%辛硫磷微胶囊拌种，药、水、种子比例为1：40：500；或者用40%甲基异硫磷乳油拌种，药、水、种子比例为1：30：400。拌种后闷种4小时，阴干后播种，可防治地下害虫蛴螬、蝼蛄和金针虫等。

3. 微肥的拌种

（1）钼酸铵拌种。每千克豆种用1.5克钼酸铵，溶于水中，用液量为种子量的1%（注意：水多易造成豆种脱皮），均匀洒在豆种上，混拌。

（2）硫酸锌拌种。每千克豆种用4~6克硫酸锌，溶于水中，用液量为种子量的1%，均匀洒在豆种上，混拌。

第五节　除草剂选择与应用

大豆田间化学除草是一项重要的农业技术，它不仅关乎大豆的产量和质量，也直接影响到农田的生态环境和经济效益。因此，在选择和使用除草剂时，必须综合考虑多个方面，确保除草效果的同时，也要关注对环境和社会的影响。选择合适的除草剂品种和配方至关重要。不同的除草剂成分和配方对大豆的生长和产量有着不同的影响。例如，速收、广灭灵、金都尔、都尔（异丙甲草胺）、普乐宝（异丙草胺）、乐丰宝、阔草清、宝收（阔叶散）、普施特等除草剂在大豆田苗前使用安全性较好，可以有效地控制杂草的生长，同时对大豆的生长影响较小。一些除草剂如 2,4-滴丁酯、50%乙草胺、氟乐灵等，虽然对杂草有一定的控制作用，但它们对大豆根的生长有抑制作用，可能导致病害加重，根瘤减少，从而影响大豆的产量。长期使用氟乐灵的地块还可能导致鸭跖草等杂草的危害加重。因此，在选择除草剂时，应尽量避免使用这些对大豆生长有不良影响的除草剂。除了选择合适的除草剂外，还应注重经济效益、生态效益和社会效益的平衡。在使用除草剂时，要遵循经济合理的原则，既要保证除草效果，又要控制成本，避免过度使用造成浪费和环境污染。同时，还要关注除草剂对农田生态环境的影响，尽量选择对环境和生态友好的除草剂，减少对土壤和水源的污染。此外，也要考虑除草剂对社会的影响，避免使用可能对人体健康或社会安全造成威胁的除草剂。2,4-滴丁酯土壤处理持效期短，对大豆不安全，低温多雨条件下药害严重。

1. 杂草防除

针对农田中不同种类的杂草，我们采取了相应的防治措施。对于鸭跖草，我们选择在秋季、春季播种前以及播种后的幼苗期进行施药，施药时建议将除草剂浅混土或培土约 2 厘米，以确保药效充分发挥。常用的除草剂包括每公顷 15~25 克的 75%宝收和每公顷 2 500~3 500 毫升的 72%都尔。

（1）苣荬菜、刺儿菜以及大刺儿菜（大蓟）等杂草，深翻整地是一种有效的防治手段，能够消灭 70%~80%的杂草。通过整地，将苣荬菜的地下根茎切成小段，在前茬小麦种植时，我们可以采用 2,4-滴丁酯配合百草敌或巨星、宝收等除草剂进行防治，也可在大豆田收割前使用 2,4-滴丁酯进行防治。

（2）问荆这种杂草，深翻整地和轮作同样具有显著的防治效果。通过翻耙整地，我们可以将问荆的地下根茎切断，从而使其更易于受到除草剂的作用。同时，在前茬小麦田中使用 2,4-滴丁酯进行灭草也是一个有效的策略。在大豆苗后，我们推荐使用每公顷 1 500 毫升的 25%虎威（氟磺胺草醚）或每公顷 750~1 000 毫升的 48%广灭灵，施药的最佳时机是在大豆拱土期或苗后早期。

（3）芦苇这种顽固的杂草，我们同样可以通过翻耙整地将其地下根茎切成小段，从而增强除草剂的效果。当大豆苗后芦苇长至 40~50 厘米时，我们可以选择使用每公顷 2 000 毫升的 15% 精稳杀得、每公顷 2 000 毫升的 5% 精禾草克或每公顷 1 000 毫升的 10.8% 高效盖草能进行防治。另外，将 15% 精稳杀得加 8 倍的水稀释后，采用涂抹施药法也是一种精准且有效的防治方法。

2. 除草剂使用

（1）48% 氟乐灵乳剂是一种高效的土壤处理剂。在大豆播种前 5~7 天，使用氟乐灵处理土壤，可以显著减少马唐、稗草、狗尾草等杂草的数量。施药后应及时耙地混土，以防止药物挥发。同时，氟乐灵的使用量需要根据土壤有机质的含量进行调整。对于有机质含量较高的土壤，使用氟乐灵可能会产生不良效果，因此不建议在此类土壤上使用。

（2）48% 地乐胺乳油也是一种常用的土壤处理剂。与氟乐灵类似，它主要用于防除禾本科杂草及小粒种子的阔叶杂草。使用地乐胺时，需要将其混入 5~10 厘米的土层内，并镇压保墒。不同土壤质地和墒情会影响地乐胺的使用量，因此在实际操作中需要根据具体情况进行调整。

（3）86% 灭草猛乳油是一种对大豆安全的除草剂。它可以单独使用，也可以与氟乐灵混用，以达到更好的除草效果。灭草猛主要用于防除一年生禾本科杂草和部分阔叶杂草，如稗草、马唐、狗尾草等。使用时，需要注意土壤质地对用药量的影响，并根据实际情况进行调整。

第六节　施用基肥

基肥的施用在大豆种植中起着至关重要的作用。作为施肥策略中的关键一环，基肥的施加通常在秋翻或播种前进行，其目的在于为大豆的整个生长周期提供稳定且持续的养分供应。这不仅有助于大豆的健康生长，还能促进土壤微生物的活动，从而增加土壤有机质，改善土壤结构，提升土壤的肥力。

在基肥的选择上，应以有机肥为主，并适当配合化学肥料。有机肥富含氮、磷、钾等大量元素，这些都是大豆生长所必需的基本养分。此外，有机肥还含有钙、镁、硫、铁以及各种微量元素，这些元素在促进大豆生长、提高产量和品质方面起着不可替代的作用。与化学肥料相比，有机肥更易于被土壤吸收和利用，能够持续地为大豆提供养分，避免养分流失和土壤板结的问题。有机肥还具有改善土壤性质的作用。它可以提高土壤的保水、保肥能力，使土壤更加疏松、透气，有利于大豆根系的生长和发育。此外，有机肥还能促进土壤微生物的繁殖和活动，进一步改善土壤生态环境，为大豆的生长创造更加有利的条件。

在选择和使用化肥时，应根据土壤的肥力和大豆的需肥特点进行。例如，如果土壤缺磷，可以适量增加磷肥的施用量。同时，要注意化肥的施用量，避免过量使用导致土壤污染和破坏土壤结构。

大豆的施肥还需要考虑其他因素，如种肥的施用、追肥的次数和量、叶面施肥等。种肥是在播种时施于种子周围的肥料，主要以三元复合肥为主，其施用量应根据作物品种和土壤肥力状况确定。追肥则是在大豆生长过程中根据作物长势和土壤肥力状况进行的补充施肥，一般在大豆分枝期、开花期、结荚鼓粒期等关键时期进行。叶面施肥则是通过叶面喷施的方式，补充大豆生长后期根部吸收养分的不足。

1. 基肥种类与作用

基肥的施用，以有机肥，也就是我们通常所说的农家肥为主体，同时辅以适量的化学肥料。作为基肥的有机肥种类丰富多样，涵盖了厩肥、堆肥、腐熟草炭、绿肥以及土杂肥等多种类型。这些有机肥堪称全效肥料，除了包含氮、磷、钾三大基本元素外，还富含钙、镁、硫、铁等多种微量元素，更含有一些能刺激植物生长的特殊物质，如胡敏酸、维生素和生长素等。将有机肥作为基肥施用，能够为大豆的生长发育提供全方位的养分支持。有机肥还具有种类繁多、来源广泛、数量充足、成本较低以及肥效持久的诸多优势。在农村地区，我们可以轻松就地取材，积造有机肥，并直接应用于农田中。施用基肥，不仅能够改善土壤质量，增加土壤肥力，更是确保大豆高产稳产的关键措施之一。通过科学合理的基肥施用，我们可以为大豆的生长创造一个更加优越的环境，从而实现更高的产量和更优的品质。

2. 基肥施用与施用量

施用基肥于大豆田地的方法多样，因耕地和整地的不同方式而异，主要涵盖耕地施肥、耙地施肥和条施三种形式。至于基肥的施用量，它取决于所使用的肥料种类、土壤的肥力状况、大豆对养分的需求特性以及肥料的可获得量。由于各地的生产条件千差万别，因此难以制定一个统一的施肥标准。为了实现经济高效的施肥，我们可以借鉴各地的成功经验。在大豆种植过程中，基肥的施用是至关重要的环节。针对不同类型的田地，应合理调整有机肥的施用量。对于肥力中等或偏低的田地，每公顷建议施用经过腐熟的有机肥 15 000~22 500 千克，以充分补充土壤养分，提高土壤肥力。而对于肥力较高的地块，每公顷施用 7 500~15 000 千克有机肥即可，以避免养分过剩。

在施用有机肥的同时，还应与化肥进行充分混合，以提供大豆生长所需的全面营养。推荐的化肥配方有多种选择，可以根据实际情况进行灵活搭配。例如，可以选用磷酸二铵 120~150 千克配合硫酸钾 150~180 千克或氯化钾 120~150 千克；或者选择尿素 52.5~60 千克、三料磷 120~150 千克配合硫酸钾 150~180 千克或氯化钾 120~150 千克；再或者采用硫酸铵 105~120 千克、过磷酸钙 375~450 千克配合硫酸钾 150~180 千克或氯化钾 120~150 千克等方案。在施用基肥时，必须确保化肥与种子之间保持至少 3 厘米的距离。这是因为化肥直接接触种子可能会导致种子受损，影响出苗率。因此，在施肥过程中要谨慎操作，确保化肥与种子之间有足够的间隔。

第五章 播期与苗期管理

第一节 播期

大豆的高产离不开保全苗，而适宜的播种期则是确保全苗的关键。在一些大豆种植面积较小的地区，由于农户对大豆生产的重视程度不够，导致播种期过早或过晚，进而影响了大豆的产量和稳定性。

大豆播种过早，可能会受到低温冷害的影响，会导致种子腐烂，从而引发缺苗断条的问题。相反，如果播种过晚，植株的营养生长期可能会缩短，干物质积累不足，最终也会导致减产。

第二节 种植密度

和其他作物一样，大豆要获得高产，要考虑群体和个体的协调生长。合理密植在大豆高产优质栽培中就显得十分重要。栽培水平比较落后的地区，农户一般比较惜苗，不愿意间苗，造成密度过大，产量不高，品质不良。近年来，受虚假种子广告的影响，盲目夸大大豆单株的生产潜力，有些农户进行了不合理的稀植，个别的种植密度只有6万株/公顷，结果造成产量很低，没有达到应有的效益。

大豆的单位面积产量是由多个因素共同决定的，包括单位面积株数、单株荚数、每荚粒数和单粒质量。在这些因素中，种植密度，即单位面积株数，是一个尤为关键的因素。土壤肥力是影响种植密度的重要因素。肥沃的土壤能够为大豆提供充足的养分，支持更多的植株生长，因此种植密度可以适当降低。

相反，在肥力较低的土壤中，为了充分利用有限的养分，种植密度应该适当增加。大豆品种的特性也是决定种植密度的重要因素。不同品种的大豆在生长习性、抗逆性等方面存在差异，因此需要根据品种特性来确定适宜的种植密度。例如，晚熟品种生长周期较长，需要更多的空间和养分，因此种植密度应相对较低；而早熟品种则可以适当增加种植密度。气温和播种方式也会对种植密度产生影响。在气温较高的地区，大豆生长迅速，种植密度可以适当降低；而在气温较低的地区，为了充分利用生长季节，种植密度可以适当增加。同时，不同的播种方式（如条播、穴播等）也会对种植密度产生影响，需要根据实际情况进行调整。

在确定种植密度时，还需要考虑大豆品种的株型。植株高大、分枝多的品种需要更多的空间进行生长，因此种植密度应相对较低；而植株矮小、独秆型的品种则可以适当增加种植密度。

播种量的确定则是基于每公顷播种粒数、种子的百粒重和种子的发芽率。通过计算可以得出每公顷所需的播种粒数，从而确定播种量。例如，如果计划每公顷保苗 22.5 万株，并考虑到田间不出苗率和间苗率，就可以计算出所需的播种粒数。

播种量的计算公式为

$$每公顷播种量（千克）= \frac{每公顷播种粒数 \times 百粒重（克）}{1\,000 \times 100 \times 发芽率}$$

若每公顷播种粒数为 292 500 粒，种子的百粒重为 20 克，发芽率为 90%，则

$$每公顷播种量 = \frac{292\,500 \times 20}{1\,000 \times 100 \times 90\%} = 65（千克）$$

第三节　大田配置

要确保大豆的高产，确实需要注重"正其行，通其气"的种植原则。这意味着要优化田间配置，确保大豆植株能够获得充足的光照和二氧化碳供应，从而增强群体的物质生产能力。光照和二氧化碳是植物进行光合作用的基本要

素，对于大豆的生长和产量形成具有至关重要的作用。

在种植密度相同的情况下，不同的田间配置方式会对大豆的群体结构产生显著影响。特别是在高肥水条件下，采用穴播栽培可以有效地改善群体结构，使大豆植株分布更加均匀，有利于充分利用光能和提高光能利用率。由于穴播间的距离加大，封垄期会相应推迟，冠层内的黄枯叶减少，这进一步提高了大豆的光合作用效率。

相较于条播方式，等距穴播的增产效果更为显著。这主要是因为等距穴播能够更好地利用土地资源，使每株大豆植株都有足够的生长空间，从而有利于单株荚数的增加。单株荚数的增加直接导致了总荚数的提高，进而提高了大豆的产量。

大豆"三垄"栽培技术作为一种综合高产栽培技术，其核心在于垄底深松、垄体分层施肥和垄上精量播种三项技术。这种技术不仅优化了土壤结构，协调了土壤水分和空气的关系，有利于根系深扎和幼苗生长，而且通过精量播种措施，进一步提高了播种的均匀性和准确性，减少了死簇、缺苗、断空等问题，从而实现了增产的目标。

精量播种措施在大豆"三垄"栽培技术中起到了至关重要的作用。首先，它确保了播种的均匀性，避免了因下种不匀导致的缺苗和断空现象，保证了田间植株的合理分布。其次，精量播种有助于提高光能利用率，因为均匀的植株分布可以使每株大豆都能充分吸收光照，进行光合作用，从而提高物质生产能力。最后，精量播种还有利于根系深扎和幼苗生长，为大豆的高产稳产打下了坚实的基础。

（1）在合理密植的基础上，做到植株分布均匀，解决了以往大豆生产上存在的稀厚不匀、缺苗断空的问题。

（2）改善了大豆植株生育环境，使群体结构进一步趋于合理，较好地协调了光、热、水、肥矛盾。

（3）精量播种在大豆栽培中起到了显著的作用。首先，通过精确控制播种量，精量播种增加了单株大豆的营养面积，使得每株大豆都能获得更充足的养分和生长空间，从而提高了单株的生产力。这种生产力的提升不仅体现在产量的增加上，还体现在大豆品质的改善上。

精量播种显著提高了大豆的光合作用效率。由于播种均匀，植株分布合理，大豆叶片能够更充分地吸收光能，进行光合作用。研究数据显示，精量播种地块的大豆净光合率提高了21.9%~45.1%，这意味着大豆植株能够更有效地将光能转化为化学能，进一步促进植株的生长和发育。

精量播种还对大豆的叶面积指数产生了积极的影响。叶面积指数是衡量作物叶片生长状况的重要指标，与作物的光合能力和产量密切相关。精量播种使得大豆在苗期、开花期和鼓粒期的叶面积指数分别提高了13%、25%和9.1%。这表明精量播种能够促进大豆叶片的生长和扩展，提高叶片的光合作用面积，从而增加光合产物的积累，为高产稳产打下基础。

在窄垄密植栽培中，除草剂的应用至关重要。如果化学除草条件不利，就可能导致荒地的风险。因此，在实际操作中，需要谨慎选择除草剂种类和使用方法，确保除草效果的同时避免对大豆植株造成损害。同时，窄垄密植并非垄距越窄越好。垄距的选择应以能实行人工除草的最小行距为限，一般认为30米较佳。此外，种植密度也不宜过高，密度的确定应以当前良种能适应的不倒伏程度为限。过高的密度可能导致植株间的竞争加剧，影响光合作用和养分的吸收，从而降低产量。试验数据表明，窄垄密植方式相比常规栽培种植体系能够增产23.4%~24.0%。这充分证明了窄垄密植栽培方式在大豆生产中的优势和潜力。然而，在实际应用中还需要根据当地的土壤条件、气候特点以及品种特性等因素进行综合考虑和调整，以实现最佳的生产效果。

其主要技术内容为以下几项。

①平整土地。

②缩垄增行，提高光能利用率；将大垄改为小垄，平均垄距不大于45厘米（大垄距60厘米或55厘米，小垄距40厘米），即将中型机械6垄改为9垄，将小型机械2垄改为3垄，增加了绿色覆盖面积，进而增加了光能利用率。

③分层深施肥。

④垄上双条播，玉米为双粒点播。

⑤病虫草综合防治。

⑥选用半矮秆抗倒伏品种。

第四节　间苗、借苗、补苗

大豆植株的自动调节能力较强，因此，在较大的种植密度范围内，产量没有显著的差异。但由此也造成了一些认识误区。误区一，大豆不间苗也能获得高产。研究证明，大豆高产栽培，不仅要合理密植，而且植株长势要均匀，整齐度要高，因此间苗是十分重要的栽培技术环节，特别是没有采用精量点播的地区，间苗的增产作用是不能忽视的。误区二，在追求等距留苗时，忽视借苗的作用。借苗可以通过充分发挥植株的自动调节能力，一方面拔除病苗、弱苗等，减少病害苗带来的潜在危险；另一方面，在遇到缺苗断条时，通过借苗，保证种植密度，增加产量。误区三，高估了大豆的自动调节能力，在出现较严重的缺苗断条时仍不进行补苗。

大豆生育期间加强苗期管理，确保苗全苗壮，是大豆高产稳产的前提。为此，必须做好间苗、借苗和补苗工作。

1. 进行间苗

间苗对于大豆的生长和产量确实具有不可忽视的影响。它是一项简单易行但非常重要的农业管理措施，主要目的是确保大豆植株的合理种植密度，优化田间配置，从而为建立高产大豆群体打下坚实基础。

间苗的最佳时机通常在大豆齐苗后，从两片对生真叶展开后至第一片复叶全部展开前进行。此时，大豆植株的生长状况已经相对稳定，通过间苗可以更准确地判断哪些植株是弱苗、病苗或杂苗，从而进行有针对性的剔除。在间苗过程中，需要按照规定的株距进行留苗，确保每株大豆植株都有足够的生长空间。同时，应特别注意拔除弱苗、病苗和杂苗，这些植株不仅生长势弱，还可能成为病虫害的源头，对整体产量造成威胁。此外，猫眼草的剔除也是间苗工作的重要一环，它们会与大豆植株争夺养分和水分，影响大豆的正常生长。除了间苗本身，第一次中耕也是此时的重要任务。通过中耕，可以进一步松土培根，改善土壤结构，增加土壤透气性，有利于大豆根系的生长和发育。这不仅可以提高大豆植株的抗逆性，还有助于提高产量和品质。

2. 进行借苗

大豆作为一种具有强大生命力的作物，其生长发育过程中确实展现出了显著的自动调节能力。这种能力使得大豆在面临缺苗断条等不利条件时，能够通过调节单株的生长状况来进行一定程度的补偿。具体来说，当大豆群体中某些地段出现缺苗时，其余地段的大豆植株会相对生长得更加繁茂，以弥补缺苗地段的生长量。这种自我调节机制是大豆适应环境、维持种群稳定的一种重要方式。大豆的自我调节和补偿能力并不是无限的。当缺苗情况过于严重，超出了大豆的自我补偿能力范围时，就会导致整体产量的下降。因此，在种植和管理大豆时，需要密切关注田间情况，及时采取措施来减少缺苗现象的发生。

在间苗过程中，如果遇到断空的地方，可以通过"借苗"的方式来增加大豆群体的补偿能力。具体来说，可以在断空的一端或两端多留1~2株苗，使得这些区域的植株密度相对较高，从而能够更好地弥补缺苗地段的生长量。通过这种方式，可以有效地保证大豆群体的整体生长状况，提高生物产量，并最终实现籽粒产量的高产稳产。

3. 进行补苗

在大豆生产中，确实可能会遇到由于播种质量不佳、苗期病虫危害严重或恶劣的自然条件导致的缺苗断条现象。这些问题若不及时处理，将严重影响大豆的产量和品质。因此，当发现大豆田中出现较严重的缺苗断条时，仅仅通过借苗的方式往往无法有效解决问题，此时必须进行补苗或补播。

如果补播的时间较早，可以使用与原田块相同的品种。但如果补播时间较晚，为了保证大豆的成熟度和产量，必须使用生育期较短的品种。此外，补苗时应特别注意操作方法。移苗时应带土移栽，以确保幼苗的根系完整，提高成活率。移栽的深度应与幼苗移栽前的生长深度相一致，避免过深或过浅导致幼苗生长不良。补苗或补播后，为了促进幼苗的生长和成活，应及时浇水。特别是在干旱或高温的条件下，浇水更是至关重要。通过合理的补苗和补播措施，可以有效地弥补大豆田中的缺苗断条现象，提高大豆的产量和品质。

第六章　生长发育期生产技术

第一节　大豆生长发育期误区

一、大豆根、茎、叶的形成

大豆的根系特点确实对其生长和产量具有至关重要的影响。直根系的特性使得大豆能够深入土壤，吸收深层养分和水分，这在一定程度上增强了其适应不同环境的能力。然而，即便大豆有这样的根系特点，也不意味着它可以完全忽视水分管理。在干旱条件下，仍然需要采取积极的措施，如铲地和趟地，来确保大豆植株能够获得足够的水分，从而维持其正常的生长发育。

施肥方式对于大豆的生长同样至关重要。虽然一次性深施种肥在某些情况下可能看似方便，但垄体分层施肥的方式更能确保大豆在不同生长阶段都能获得所需的养分。这种施肥方法考虑到了大豆根系伸展的特点，使得养分能够均匀分布在根系周围，从而提高了养分的利用效率。

大豆的抗倒性是高产栽培中不可忽视的一个因素。它不仅仅取决于茎秆的粗细，还与茎秆的柔软性、整地的质量、根系发育情况等多个因素密切相关。因此，在栽培过程中，需要综合考虑这些因素，通过合理的栽培管理措施来提高大豆的抗倒伏能力。

在品种选择方面，一些特殊类型的大豆品种，虽然可能具有某些独特的生长特点，但其产量稳定性往往较差，需要较高的栽培技术和条件。因此，农户在选择品种时，应结合当地的气候和土壤条件，选择那些适应性强、产量稳定且易于管理的品种。

至于大豆叶片形状与产量的关系，虽然叶片形状在一定程度上会影响植株的光能吸收和利用效率，但在实际生产中，由于大豆植株具有较强的自我调节能力，不同叶型品种在产量上的差异并不明显。因此，在选择品种时，不应过分关注叶片形状这一因素，而应更加关注品种的整体表现和适应性。

二、大豆的生长发育调控

大豆生长期间，植株的生长发育状况可能会受到多种因素的影响，导致生长过旺或生长量不足。因此，根据大豆的生长阶段和长势长相，采取合理的生育调控措施是至关重要的。

在大豆生育前期，一般不需要进行控制，而是需要采取促进生长的措施。这包括确保良好的播种质量，选择适宜的品种，并进行适当的土壤准备和灌溉。这些措施有助于幼苗早生快发，为后续的丰产打下基础。

到了大豆生长的中后期，需要根据植株的长势和长相进行合理的促控。此时，如果植株生长过旺，可能会导致落花落荚，影响产量。因此，可以采取一些控制措施，如合理密植、适时施肥和灌溉等。这些措施有助于平衡植株的生长，提高产量和品质。

在生育促控措施中，生长调节剂等化学促控技术确实是一种有效的方法。例如，使用乙烯利等生长调节剂可以抑制大豆的顶端优势，使植株矮化而壮秆，增加有效分枝，提高产量。然而，这些化学促控技术并不是万能的，也不能替代其他栽培措施。这些栽培措施与化学促控技术相结合，可以更有效地调控大豆的生长，实现高产稳产的目标。

三、病、虫、草害防治

大豆生产过程中，病虫害和杂草的防治确实是至关重要的环节。即使采用了抗病品种和播种前的化学除草措施，也不能忽视大豆生长期间的防治工作。对于病虫害的防治，首先需要根据病虫害的种类和发生情况进行合理的防治策略制定。不是所有的病虫害都需要立即进行防治，只有当病虫害的危害达到一定程度，可能造成严重的经济损失时，才需要采取相应的防治措施。这样可以避免不必要的成本投入，同时也能确保大豆的健康生长。在防治过程中，应尽量采用综合防治的方法，生物防治可以利用天敌昆虫、微生物制剂等来控制病虫害；化学防治则需要选择合适的农药，并严格按照使用说明进行施药，以避免对环境和大豆造成负面影响。化学除草是一种有效的方法，但也需要结合机械或人工除草，以确保除草效果的最大化。在进行化学除草时，需要选择对大豆安全且对杂草有效的除草剂，并严格按照使用说明进行操作。机械或人工除草则可以在化学除草的基础上进行补充，尤其是在大豆生长后期，当化学除草效果不佳时，可以采用机械或人工除草来彻底清除杂草。

四、落花落荚预防

大豆作为一种开花繁多的作物，其落花落荚现象确实相当普遍且严重，这也是大豆生产中需要重点关注的问题之一。花荚脱落不仅降低了大豆的结荚数和产量，也对整体的经济效益造成了影响。因此，如何有效预防和减少大豆的落花落荚，成为大豆种植管理中的重要环节。

在预防落花落荚的过程中，一些农户存在认识上的误区，认为只有在开花期才需要进行防落措施。这种观念是不全面的。如果前期植株生长不良，营养不足，或者群体结构不合理，比如密度过大导致通风透光不良，都会增加花荚脱落的风险。

预防大豆落花落荚需要从生育前期就开始着手。首先，要进行合理密植，确保植株之间有足够的空间进行通风和光照，减少因密度过大而引起的落花落荚。其次，要根据大豆的需水、需肥规律来进行肥水管理。在大豆的不同生长阶段，其营养需求是不同的，因此需要适时适量地施肥和浇水，以满足植株的生长需求，提高其抗逆性，减少落花落荚的发生。

还可以通过一些农业措施来辅助预防落花落荚。比如，可以在大豆生长前期进行中耕除草，改善土壤环境，促进根系发育；在开花期进行人工授粉或利用昆虫进行生物授粉，提高授粉成功率；在结荚期进行叶面喷肥，补充植株营养，延长叶片功能期等。

五、后期田间管理

大豆的生育后期确实是大豆籽粒和品质形成的关键时期。此时，大豆的根系吸收能力逐渐减弱，植株逐渐衰老，对外部环境的适应能力也相应降低。

现实生产中，很多农户往往只关注大豆生育前期的管理，如播种、施肥、除草等，而忽视了生育后期的管理。这种偏差的管理方式往往导致大豆在生育后期出现各种问题，如病虫害的侵袭、干旱的影响以及杂草的竞争等，进而造成产量降低、品质下降。针对这些问题，我们需要采取一系列措施来加强大豆生育后期的管理。首先，要十分注意防除大豆食心虫等病虫害的危害。这些病虫害会直接影响大豆的籽粒发育和品质形成，因此需要及时采取防治措施，如喷洒农药、生物防治等。要注意干旱对产量形成的影响。大豆在生育后期对水分的需求仍然很大，尤其是在结荚鼓粒期。因此，有条件的地区应该进行合理灌溉，保证大豆的水分需求，促进籽粒的饱满和品质的提升。对于后期杂草较多的地块，还需要进行人工拔除大草。这些杂草不仅与大豆植株争夺养分和水分，还可能成为病虫害的宿主，进一步加剧大豆的生长压力。因此，及时清除杂草对于减轻其对大豆植株的影响、增加籽粒产量具有重要意义。

第二节　大豆营养器官的形成

一、大豆根系的形成

大豆的根主要由主根、侧根和根毛三部分组成。种子萌发时长出的第一条根叫胚根。随着根尖生长点细胞的不断分裂，根向下生长，逐渐形成圆锥形的主根。主根长可达 60~120 厘米，在地表 7~10 厘米深度内，主根粗壮，越往下根越细。主根上长有辐射状的侧根。侧根形成于发芽后 3~7 天，它先向水平方向延伸，达到 40~50 厘米后，突然转向，向下方向生长。平伸的侧根又再分生出须根，也是先平伸后向下生长。为此，使大豆根系在土壤中呈钟罩状分布。

主根和侧根的尖端部分还长有根毛。根毛是由表皮细胞的外壁向外突出而形成。第一批根毛出现在发芽后第 4 天的初生根尖上。根毛的寿命很短，1~2天就更新一次。根系所有表面产生的大量的根毛，可以吸收很多的水和矿物质。根系的吸收功能就是靠密集的根毛和幼嫩的表皮与土壤颗粒紧密相接而吸收水分和养分。

大豆与根瘤菌之间的共生关系确实是一种非常独特的生物学现象。这种关系不仅有利于大豆的生长和发育，同时也体现了生物之间复杂而微妙的相互作用。根瘤菌在受到大豆根系分泌物的刺激后会大量繁殖，并入侵根毛形成侵入线，进而进入内皮层细胞并刺激其加速分裂。这一过程导致了根瘤的形成，而根瘤菌在根细胞内大量繁殖后会转为类菌体，开始执行其固氮功能。固氮作用对于大豆来说至关重要，因为氮是植物生长所必需的重要元素。类菌体具有固氮酶，能够将空气中的氮气转化为大豆可以吸收的氨基酸。大豆在生长过程中还需要从土壤中吸收其他形式的氮素，以维持其正常的生长和发育。大豆与根瘤菌之间的共生关系还体现了生物之间的互利共生。大豆为根瘤菌提供了生存的环境和所需的糖类，而根瘤菌则通过固氮作用为大豆提供了必要的氮素。这种关系不仅有利于双方的生存和繁衍，同时也促进了生态系统的稳定和平衡。

在土壤中无大豆根瘤菌的情况下进行接种可使大豆增产 20%。应当指出的是，不同根瘤菌菌株的固氮效率差别很大，同时并非结瘤即能固氮。近年来，筛选高感染、高效固氮根瘤菌的工作引起人们的普遍关注。美国的研究结果表明，接种高效根瘤菌剂可增产大豆 10%，并能提高籽粒的蛋白质含量和改善其氨基酸组成。推广高效固氮的根瘤菌剂是一项简便而有效的增产方法。但值得一提的是，不同大豆品种对大豆根瘤菌菌株也有选择性。因此，应用根瘤菌菌剂时，一定要注意大豆品种和菌株的亲和性。

二、大豆茎秆的形成

大豆的茎是由种子中的胚轴发育而成的。胚轴可分为上胚轴和下胚轴，子叶节为分界线。主茎节数经 4~5 周时间才分化完成。大豆幼茎呈绿色或紫色。幼茎颜色与花色相关，绿茎开白花，紫茎开紫花。在选种上，茎色是苗期拔除杂株的一个依据。成熟期大豆茎一般呈灰黄或深褐色。主茎生长起初较慢，第2~3片复叶展开后逐渐加快，到分枝期生长速度最快，开花时又减慢，结荚鼓粒期茎的生长就停滞了。主茎上的节既是叶柄的着生处，又是花荚和分枝的着生处。

大豆茎圆而稍呈菱形，粗4~20毫米。主茎一般有12~30个节，早熟品种节较少。主茎高度为30~150毫米，多数50~100毫米。一般单株有2~6个分枝，多的可达10个以上，少的甚至无分枝。大豆生长期间主茎与分枝的生长速度及其姿态是看苗诊断的依据。

大豆的株型取决于植株的高矮、茎秆的粗细、分枝的多少、分枝的长短、分枝在主茎上的着生部位和分枝与主茎的夹角等因素。

1. 根据大豆的主茎状况，大豆的株型一般可分为以下几种

蔓生型：植株高大，茎秆细弱，节间长，半直立或匍匐地面。进化程度较低的野生豆或半野生豆多属于此类型。

半直立型：主茎较粗，但上部细弱有缠绕的倾向，特别是在肥水充足和阴湿条件下易倒伏。这一类型多属无限结荚习性的品种。

直立型：植株较矮，节间较短，茎秆粗壮，直立不倒。有限结荚习性和亚有限结荚习性品种多属于此类型。

2. 根据分枝的多少、强弱可分为以下几种

主茎型：分枝较少或不分枝，以主茎结荚为主，如铁丰31号。种植时要适当加大密度，以密增产。

中间型：主茎较坚韧，在一般栽培条件下分枝3~4个，豆荚在主茎和分枝上分布比较均匀。

分枝型：分枝能力很强，分枝多而长，在一般栽培下分枝可达5个以上，分枝上结荚往往多于主茎。

另外，若按分枝与主茎的夹角大小及全株的姿态来分，又可分为开张型、半开张型和收敛型等类型。

三、大豆叶片的形成

大豆叶片的形态多样，包括子叶、单叶和复叶，每一种都在大豆的生长过程中发挥着独特的作用。子叶作为大豆幼苗的一部分，具有特殊的意义。子叶在出土后，会迅速展开并接受阳光的照射，此时它们会开始合成叶绿素，从而能够进行光合作用。这个过程对于大豆幼苗的生长至关重要，因为光合作用产生的能量和有机物是幼苗生长的基础。特别是在出苗后的 10~15 天内，子叶所贮藏的营养物质和它们通过光合作用产生的产物，对幼苗的生长具有特别重要的意义。这些营养物质和光合产物为幼苗提供了必要的能量和养分，促进了其健康生长。如果在这个关键时期摘除了子叶，幼苗会表现出明显的生长受阻现象。它们会变得发黄且纤细，这是因为缺少了子叶提供的营养和光合产物的支持。尽管经过半个月的时间，幼苗可能会逐渐恢复绿色，但它们的生长状态仍然会十分细弱，并且这种影响可能会延续到中后期，对大豆的整体生长和产量造成不良影响。大豆茎的最下部子叶节上着生一对子叶，此节上一节位着生一对单叶即真叶，呈对生。其余各节上着生有三片小叶所组成的复叶，呈互生。

　　大豆复叶的结构和功能确实非常独特，它充分体现了植物对环境的适应性和生存策略。从大豆复叶的组成来看，托叶、叶柄和小叶各自扮演着重要的角色。托叶虽小，却能有效保护腋芽，防止其受到伤害；叶柄作为连接叶片和茎的桥梁，不仅支撑着叶片，还负责输送水分和养分，确保叶片的正常生长和功能；而小叶则是进行光合作用的主要场所，通过转化光能合成有机物，为大豆植株提供生长所需的能量。

　　在大豆的生长过程中，不同节位上的叶柄长度会有所不同，这种差异有利于复叶的镶嵌排列，使得叶片能够更好地利用光能。同时，大豆小叶的形状和大小也会因品种而异，这些差异不仅影响了叶片的光合作用效率，还对植株的通风透光性有着重要影响。例如，圆、卵圆形叶虽然有利于光线的截获，但容易造成株间郁闭，影响透光性；而披针形叶则具有较好的透光性，有利于光线向植株的中、下部照射。

　　大豆叶片的总叶面积也会随着生育进程的推进而不断变化。在开花盛期至结荚期，叶片的总面积达到高峰，这是大豆植株生长最为旺盛的时期。随后，由于底部叶片的逐渐黄落，总叶面积会逐渐减少。不同品种的叶片面积也会有所差异，这在一定程度上影响了大豆的产量和品质。

　　在种植大豆时，我们可以根据叶片的形状和特性来合理调整种植密度。例如，披针形叶品种宜适当增大密度，依靠群体效应来增产；而圆形叶品种则不宜种植过密，应适当稀植，以发挥单株的生长优势。通过科学的种植管理，我们可以充分利用大豆叶片的光合作用能力，提高光能利用率，从而实现大豆的高产高效栽培。

大豆植株不同部位叶片的寿命不同，下部叶片寿命最短，中部叶片寿命最长，可达 60 天左右，上部叶片寿命又稍短。

第三节　大豆生殖器官的形成

一、大豆花朵的形成

大豆的花序结构独特且复杂，每个部分都有其特定的功能和形态。首先，大豆的花序着生在叶腋或茎的顶端，呈现出总状花序的特点，这种花序类型使得花朵能够集中在一起，有利于传粉和受精。

在一个花序上，花朵常常是簇生的，这被称为花簇。每朵花由苞叶、花萼、花冠、雄蕊和雌蕊五部分构成，每一部分都精细地分工合作，共同完成大豆的生殖过程。

苞叶虽小，但起到了保护花芽的重要作用，防止其在生长过程中受到外界环境的伤害。花萼则位于苞叶的上部，绿色并着生茸毛，不仅美观，还能在一定程度上防止病虫害的侵袭。

花冠是花朵最为显眼的部分，呈蝴蝶形，由五个花瓣组成。其中，旗瓣最为显眼，它在花未开时包围着其余四个花瓣，起到了保护花蕊的作用。而雄蕊和雌蕊则是大豆生殖的关键部分，雄蕊负责产生花粉，而雌蕊则负责接收花粉并发育成籽粒。

大豆是自花授粉作物，花朵在开放前即已完成授粉，这种特性使得大豆在生长过程中能够保持较高的纯度和一致性。同时，大豆的花期长短受到多种因素的影响，包括结荚习性、品种生育期和肥水条件等。因此，在种植大豆时，需要根据不同的品种和生长环境来合理调整管理措施，以优化大豆的生长和产量。

大豆的花轴长短和花朵数量也是品种特性之一，受到气候和栽培条件的影响。长花序的品种的花朵数量多，有利于增加大豆的结实率和产量。然而，在不同的生长环境下，花序的长度和花朵数量也会有所变化，因此，在栽培大豆时，需要根据具体情况来选择合适的品种和管理措施，以获得最佳的生长效果和产量。

二、大豆豆荚的形成

大豆的生殖过程是一个复杂而精细的生理过程，从花朵授粉受精开始，到豆荚和种子的形成，每一个环节都充满了生命的奇迹。

授粉受精后，大豆的子房开始逐渐膨大，最终长成我们熟悉的豆荚。在这个过程中，胚珠也发育成了种子，这是大豆繁衍后代的关键。豆荚在形成初期发育较为缓慢，但从第 5 天开始，它会迅速伸长，这个过程被形象地称为"拉板"。经过 20~30 天的时间，豆荚的长度就能达到最大值。

幼荚的发育速度因生长条件而异，有的日增长度只有 4 毫米，而快的可以达到 8 毫米。豆荚的宽度通常在开花后的 25~35 天达到最大值。当幼荚长度达到 1 米时，大豆就进入了结荚期，这是大豆生长周期中的一个重要阶段。

大豆荚的表皮通常覆盖着茸毛，这是大豆的一种自然保护机制，但也有一些抗食心虫的品种没有茸毛或荚皮坚硬。豆荚的颜色多样，有棕色、灰褐色、褐色、深褐色以及黑色等，这不仅增加了大豆的观赏性，也反映了不同品种间的遗传差异。

豆荚的形状也是多种多样的，有直形、弯镰形和弯曲程度不同的中间形。需要注意的是，有些品种在成熟时容易炸荚，这类品种在机械化收获时需要特别注意，以免造成损失。

大豆每荚的粒数是一个相对稳定的遗传特性，不同品种间存在一定的差异。栽培品种一般每荚粒数为 2~3 粒。通过观察和分析叶形，我们可以对大豆的每荚粒数有一个大致的预测。大豆的每荚粒数也受到环境因素的影响。在水分、养分充足，气候条件适宜的情况下，平均每荚粒数会有所增加，这通常可以提高大豆的产量和品质。

三、大豆籽粒的形成

进入结荚后期，大豆的生长重心发生了明显的转移。此时，营养生长逐渐停滞，而种子则成为光合作用的产物和茎秆中营养物质的聚集中心。这一过程是自然界中生命延续与繁衍的奇妙体现，也是农业生产中最为关键的一环。

种子的形成经历了一个复杂而精细的过程。从开花后的20天内，主要是胚的发育、种子体积的增大和结构的建成。这一时期，豆荚内的可溶性物质增长迅速，为种子的发育提供了充足的营养。豆荚的生长特点是先增加长度，然后扩展宽度，最后增加厚度，使得荚内的豆粒得以逐渐膨大。当种子体积达到最大值时，我们称为鼓粒期。在鼓粒期间，种子的质量每天都在显著增加，平均每天可增加6~7毫克。这种变化是种子为了适应即将到来的干燥环境，同时确保内部营养物质的积累而做出的自然调整。

在开花后的20天内，种子的干物质含量相对较低，只有5%，而含水量则高达85%以上。但随着时间的推移，特别是在开花后35~45天这一关键时期，多数品种的籽粒增重速度最快，含水量迅速下降，这一时期主要积累的是脂肪。到了大豆鼓粒后期，种子内的有机质逐渐转化为贮藏状态，此时主要积累的是蛋白质。当种子归圆后并呈现出该品种固有的色泽和形状时，大豆便进入了成熟期。这一时期的种子不仅营养丰富，而且具有良好的耐贮性，是农业生产中的重要收获物。

四、大豆落花落荚预防

1. 大豆落花落荚的原因

花荚脱落现象在大豆生产上普遍存在，而且比较严重。通常情况下，每一株大豆的蕾、花和荚脱落的数量占其总花数的45%~70%。关于脱落的比例，花朵约占50%，年轻的荚果约占40%，而花蕾大约占10%。各地花荚脱落不一。北方春大豆较轻，花荚脱落率为40%~70%，南方夏大豆较重，为50%~70%，秋大豆最重，可达70%~90%。

大豆花荚的脱落过程为：大豆花受精后，子房下花柄基部，由外向内形成离层，然后花柄基部逐渐脱离花轴脱落。花荚脱落持续期通常长达 30～40 天。脱落趋势是，早开花的花朵脱落较多，晚开花的较少。无限结荚习性品种花荚大量脱落，主要集中在植株下部；有限结荚习性的品种，花荚掉得很少，以中上等为主。同一品种中，主茎花荚脱落较少，而分枝花荚脱落较多。同一根花轴有下面的花荚掉得很少，但上面的掉得很多。

大豆花荚掉落的基本原因在于生长发育失调。大豆营养生长和生殖生长长期并进，当苗期产量过高时，至开花结荚期时营养生长仍然占绝对优势，仍为养分分配中心，使生殖生长受抑制，同时发生花荚脱落现象。此外，大豆还存在养分部分分配问题，在枝繁叶茂和株间郁闭情况下，遮阴叶片光合作用减弱，光合产物缺乏，亦是导致花荚落荚的因素。当苗期营养生长太弱时，植株养分积累减少，花芽分化不正常，已经形成的花荚由于营养不足就会脱落；晚期形成的花荚还会由于养分供应不充分而无法正常发育脱落。造成大豆花荚掉落的外界因素包括土壤水分过多或过少，土壤养分供给不足，植株群体光照退化，病虫危害，暴风雨侵袭。

2. 大豆落花落荚的预防

以下这些措施旨在通过提高大豆的产量潜力、优化种植和管理方式、确保水分和养分供应、防治病虫害以及调节营养生长和生殖生长的关系等手段，减少花荚脱落，从而实现大豆的高产稳产。

（1）减少花荚脱落的措施与增加大豆产量的措施是一致的，主要通过确定合理的种植密度，采用合理的水肥管理等措施来实现。这些措施有助于使营养生长与生殖生长协调起来，从而提高大豆的产量。

（2）培育和选用光合效率高、叶片透光率高、株型收敛的多花多荚的高产良种是基础。这是因为品种特性直接影响到植株的生长状况和花荚的形成能力。例如，有限结荚习性品种通常比无限结荚习性品种具有更低的花荚脱落率。

（3）细致整地、提高播种质量、及时定苗和中耕除草对于保证幼苗健康成长、积累充足养分以供应花荚发育的需要至关重要。这有助于减少因营养不足导致的花荚脱落。

（4）合理密植并搞好植株株行配置，保证在较理想的群体状态下，使个体发育健壮，协调植株体内养分分配矛盾。研究表明，适当的种植密度可以显著降低花荚脱落率。

（5）施用有机肥、磷肥，并注意在始花期前根据施肥基础、肥力水平和大豆生育状况巧施速效氮肥和磷肥，是确保有充足的养分供应，促使苗壮，增强叶片光合生产能力的关键。此外，大豆在花荚期对水分反应非常敏感，因此要注意花荚期的土壤水分状况，旱时要灌水，涝时要及时排水。

（6）及时防治病虫害，延长叶的寿命，保证叶片的正常光合作用，生产足够的养分，从而减少脱落。病虫害的危害会直接影响到植株的健康状态和花荚的形成能力。

（7）若出现营养生长过旺的情况，可喷施生长调节剂，调节营养生长和生殖生长失调的状况，从而减少脱落。这表明通过科学的管理措施，可以有效地调控植株的生长状态，减少花荚脱落。

（8）减少花荚脱落的措施与增加大豆产量的措施是一致的，关键在于通过合理的种植密度、水肥管理、病虫害防治以及适时的生长调节等综合措施，促进植株健康成长，提高光合效率和养分供应能力，从而达到减少花荚脱落、增加产量的目的。

第四节　缺素对大豆生长发育的影响

一、大豆的营养缺素诊断及措施

大豆在生长发育过程中，对多种营养元素的需求至关重要。当这些营养元素缺乏时，大豆会出现一系列的缺素症状，这些症状不仅影响植株的正常生长，还会影响其产量和品质。通过观察大豆的缺肥症状，人们可以判断出是哪种营养元素的缺乏，并采取相应的补救措施。

缺氮：缺氮的大豆主要表现为生长缓慢，叶片逐渐变黄。缺氮初期，大豆子叶失绿变黄，从下向上发展，严重时植株早衰死亡。防治措施包括施用尿素或用尿素水溶液进行叶面喷肥。

缺磷：缺磷的大豆早期叶色深绿，而后底部叶片脉间失绿，开花后叶片出现棕色斑点，种子小；严重时茎和叶片均呈暗红色，根瘤发育差。缺磷时，根瘤少，茎细长，叶片颜色变深。

缺钾：缺钾的大豆下部叶片先发黄，叶尖、叶缘出现黄团。苗期缺钾，叶片小而暗绿，缺乏光泽；中后期缺钾，老叶尖端和边缘失绿变黄，叶脉凸起、皱缩，叶片前端向下卷曲，叶柄棕褐。

缺钙、镁、硫、铁等其他元素：虽然具体症状可能因元素不同而有所差异，但一般都会影响到植株的正常生长发育，如根系形态的变化、植株生物量的减少等。例如，缺锌会导致植株生长缓慢，节间短，叶片小，中、下部叶片的脉间变黄。

缺锰：缺锰会显著抑制大豆的生长，包括株高、茎粗和根长等形态指标，缺锰会导致大豆叶片叶绿素含量降低，光合速率下降，胞间 CO_2 浓度和气孔导度也受到抑制，缺锰显著影响大豆矿质氮的同化和积累，尤其是在盛花期至鼓粒期，抑制作用随胁迫程度的加深而加重，缺锰会显著降低大豆的产量，包括减少三粒荚数、单株粒数以及单株粒重。同时，缺锰还会降低大豆籽粒中的脂肪含量和蛋白质含量，影响其品质。锰肥可以作基肥，也可以拌种或叶面喷施。作基肥时最好与生理酸性肥混合，进行条施或穴施，这样既能施得均匀，又可减少锰向高价态转化，提高肥效。硫酸锰拌种用量，每 100 千克种子拌 0.4~0.6 千克硫酸锰；作基肥每公顷用量为 15~30 千克；叶面喷施的浓度为 0.1%~0.2%，用液量 750~1 125 千克。

缺锌：锌与蛋白质代谢密切相关，缺锌时会降低蛋白质合成速率和蛋白质含量。这对于大豆等植物而言，意味着其生长发育停滞，叶片可能出现小且呈簇生状的现象。会影响大豆的正常生长发育，进而影响到大豆的产量及品质。即使在氮、磷、钾等大量营养元素供应充足的情况下，缺锌也会给大豆的产量及品质带来严重影响。施肥当年被作物吸收少，大部分残留于土壤中，每公顷施用 15 千克锌肥，后效可维持 2~3 年。大豆施锌肥可用作基肥、拌种及喷施，不适于浸种，浸种会导致种皮开裂，影响出苗。拌种时，每 100 千克种子用硫酸锌 0.4~0.6 千克。即将 0.4~0.6 千克硫酸锌用 4.6~5.0 千克水充分溶解后，喷洒在 100 千克种子上，边喷边拌匀，晾干备用。如果生育后期缺锌，可采用叶面喷施法补充。喷施浓度为 0.1%~0.2%（50 千克水加 50~100 克硫酸锌），每公顷用量为 750 千克硫酸锌水溶液，喷 2 次，第一次与第二次间隔

5~6天。

缺钼：大豆缺钼时植株矮小，生长不良，叶脉间失绿，叶片边缘坏死，叶缘卷曲，有时生长点坏死，花的发育受抑制，籽实不饱满。土壤缺钼的临界值为0.15毫克/千克，低于此值时，大豆施钼肥有效。大豆需钼较多，拌种时可用3%的钼酸铵水溶液，均匀地喷在种子上，拌匀，阴干后播种。大豆开花结荚期是需钼的临界期，这时叶面喷施效果最好。第一次在开花始期喷施，隔7~10天再喷第二次，每次每公顷用液量750~1 125千克。

缺硼：缺硼时，大豆的生长点附近的叶片会变黄，有时还会带有红紫色。叶片会出现畸形增厚、皱缩，并且叶缘向下翻卷，这些症状会由上而下发展，缺硼会导致大豆根系发育不良，根瘤不发达或停止伸长，甚至失去固氮能力，这直接影响了大豆的营养吸收和生长。缺硼还会导致花蕾在发育初期死去，影响开花结荚数和花粉形成及受精，硼对成花和种子生长有至关重要的作用，如果在这个关键阶段减少硼供应量，会导致减产。缺硼会导致大豆叶片脉间患上褪绿病，且幼叶脆弱易碎；根部发育不良、无花或少花，进一步影响产量。缺硼的土壤，可用硼砂作基肥，每公顷用量为3 750~7 500克。一般一次施用可持续3~5年。但应注意硼肥不要与种子直接接触，最好与有机肥或氮磷肥混拌施用。若植株表现缺硼，可用0.1%~0.2%的硼砂或硼酸水溶液进行叶面施肥，每公顷用液量为600~750千克。

通过对大豆缺素症状的识别和分析，结合适当的补救措施，可以有效地促进大豆的健康生长，提高产量和品质。这要求农业生产者具备一定的植物营养学知识，以及对大豆生长发育规律的深入理解。同时，利用现代技术手段，如数字图像处理技术和BP（Back propagation）神经网络等，可以进一步提高缺素症的诊断精度和效率。

二、大豆生长发育的调控

1. 大豆生育期的影响因素

大豆生育期的影响因素主要有光照长度和纬度。首先，大豆是短日照作物，但不同品种类型对光周期的反应又不完全相同。例如，北方春播的极早熟品种如紫花4号，在18小时光照条件下仍能正常开花结实，对光照长短反应极不敏感；中早熟品种如吉林 3 号在 18 小时光照条件下基本可正常开花结实，对光照长短反应不敏感；而中晚熟品种铁丰 8 号在同样长的光照条件下开花和成熟都延迟，对光照长短反应不甚敏感。另外，黄淮地区和南方的大豆品种在 18 小时长光照条件下，可能会出现开花结荚不正常或现蕾开花不正常的情况，这些品种对光照长度反应敏感。其次，大豆生育期的纬度效应也十分明显。纬度相近的两地，不论距离多么遥远，相互引种都是成功的。然而，纬度相差较远，相对地理位置较近的大豆品种，引种成功率较小。例如，北方大豆品种多适于在长日照条件下生长，南移后因日照缩短而生育期显著缩短。南方的短日照强的品种向北移，开花期显著延迟，品种不能正常成熟。

大豆的整个生长过程分为 3 个生育阶段和 6 个生育时期：营养生长阶段、营养生长和生殖生长并进阶段以及生殖生长阶段；种子萌发期、幼苗期、分枝期、开花期、结荚鼓粒期和成熟期。开花结荚期是大豆生长进入旺盛时期，营养体生长逐渐达到高峰，是需要肥水最多的时期。此外，开花到鼓粒期是大豆的需水临界期，这段时间受旱会严重影响植株生殖生长，造成花荚脱落。

综上所述，大豆生育期的影响因素主要包括光照长度和纬度。这两个因素都对大豆的生长和发育有着显著的影响，因此在大豆种植过程中需要根据当地的光照和纬度条件选择适合的品种，以达到最佳的种植效果。

2. 大豆生长发育的调控措施

大豆生长发育的调控措施包括选择优质大豆品种、适当的浇水管理和施肥管理、密植栽培技术以及抗性品种选育等。选择优质大豆品种是保障大豆健康生长的基础步骤。适当的浇水管理和施肥管理对于大豆的栽培要点至关重要。密植栽培技术，如大垄密植栽培、小垄密植栽培和 30 厘米平作窄行密植，有助于提高产量。此外，开展大豆抗性机理研究和抗性品种选育对提高大豆的生长发育具有重要意义。

无限结荚习性大豆品种的缺点主要包括：在条件适宜、氮肥偏多的情况下，营养生长过旺，影响光合产物向花荚转移，造成花荚脱落和秕荚。此外，无限结荚习性的品种对土壤、肥水条件要求不严格，虽然适应肥水较差的条件种植，但在多雨、土壤肥沃的区域和地块上种植时，可能不如有限结荚习性的品种表现出色。控制无限结荚习性大豆徒长的方法包括适时打顶摘心，以控制顶端生长优势，减少花荚脱落；在初花期选用多效唑、三碘苯甲酸等化控剂进行调控；及时拔除无花无荚植株或者花荚极少的植株；以及在大豆分枝期或初花期使用烯效唑等控旺剂。

3. 花期大豆追肥

大豆花期追肥，应在初花期进行。此时追施氮素肥料可以促进花的发育和幼荚生长，一般建议每亩施尿素 4~5 千克，如果植株生长过旺，可以酌情减量或不施尿素。此外，钾肥应在大豆幼苗至初花期追施，每亩追施 7.5~10 千克的硫酸钾或等量的其他速效钾肥。开花结荚期也是大豆需肥最多的时期，应在开花前 5~7 天施用一次速效性肥料，每亩可追施尿素 2~5 千克、钾肥 7~8 千克。需要注意的是，如果土壤肥沃且植株生长健壮，则可以少追或不追氮肥。同时，应注意施肥后及时浇水和中耕培土，以避免肥料流失。

4. 鼓粒期大豆及时滴灌

大豆结荚鼓粒期灌水是为了保证充足的水分供应，以促进产量的提高。大豆在开花期和结荚期需要及时灌水 2~3 次，每次灌水量为 20~30 立方米/亩。此外，鼓粒期是大豆需水最多的时期，如果供水不足，会影响植株体内活跃的生命过程，影响根系对土壤养分的吸收利用，造成籽粒小而减产。因此，在特别干旱的情况下，应及时灌溉。同时，开花到鼓粒期应保持充足的水分供应。试验表明，适当灌水可以明显提高大豆产量，其中结荚期灌水增产 52.19%。因此，大豆结荚鼓粒期灌水对于保证产量至关重要。

5. 结荚鼓粒期大豆叶面肥

大豆结荚鼓粒期叶面喷肥，应选择适宜的肥料和时间进行。可以总结出以下几点。

在大豆鼓粒初期，可以使用 1%~2% 尿素进行叶面喷施，有条件的地方最好采用喷灌，每次灌水量为 30~40 毫米。结荚鼓粒期后，由于根瘤菌固氮能力和根系活力逐渐衰退，吸肥能力减弱，此时应采取叶面喷肥方式补充营养，减少落花落荚。一般每亩用 0.3% 的磷酸二氢钾溶液 50 千克，于下午 4 时后至傍晚均匀喷施于叶片正反面，连喷 2~3 次。钾肥应早追，在大豆幼苗至初花期追施较好，但在鼓粒期追施磷肥时，尽量采用根外喷施的方式。叶面喷施可以补充鼓粒期的养分，减少脱荚，提高粒重，增加产量。建议使用尿素配合磷酸二氢钾进行喷施。结荚期喷施叶面肥，主要是促进大豆籽粒饱满，不出现空荚现象，为后期的丰收奠定基础。可以选择补充硼肥，避免大豆出现花而不实的现象。

大豆结荚鼓粒期叶面喷肥应重点考虑使用尿素、磷酸二氢钾，并可根据具体情况考虑添加硼肥等其他营养元素，以促进大豆籽粒饱满，提高产量。

第五节　大豆病、虫、杂草的防除

一、病虫害及防治

大豆生长期间的主要病害有：大豆孢囊线虫病、大豆霜霉病、大豆花叶病和芽枯病、大豆灰斑病、大豆紫斑病、大豆根腐病、大豆疫霉根腐病、大豆菌核病等。

大豆生长期间的主要虫害有：大豆蚜虫（腻虫）、大豆红蜘蛛、二条叶甲、蛴螬、大豆根潜蝇、豆秆黑潜蝇、大豆食心虫害等。

二、杂草防除方法

大豆出苗后防治禾本科杂草的除草剂有：拿捕净、威霸、精禾草克、精稳杀得、高效盖草能等，它们对大豆均安全。出苗后防阔叶杂草的除草剂有：杂草焚、克阔乐、虎威等，但在不良环境条件下，它们均会使大豆受到较重药害。出苗后除草剂施药时药液中加入喷液量0.5%~1%的植物油型喷雾助剂药笑宝、信得宝，具有增效作用，可减少30%~50%除草剂用药量，且对作物安全。大豆的生育后期还要注意杂草的拔除工作。对生育前期没有除干净的杂草，要及时进行人工拔除，以免与大豆植株争夺营养、水分等，造成籽粒细小，产量和品质下降。具体几种除草剂的使用方法如下所述：

1. 50%乙草胺乳剂

应在大豆出苗前进行施药，以确保药剂能够有效地作用于杂草，防止其生长。对于大豆田，建议的用量范围是每公顷使用150~300克的乙草胺。在实际应用中，需要根据具体的地块大小、杂草种类和生长情况等因素来调整乙草胺的用量，通常这类药剂可以通过喷雾的方式施用，乙草胺主要用于春大豆、春玉米田防治一年生禾本科杂草及部分阔叶杂草。在使用50%乙草胺乳剂时，应重点关注这些杂草种类，并根据实际情况调整施药策略。

2. 43%拉索乳剂

大豆43%拉索乳剂的使用方法主要是在玉米播种后出苗前使用，以防止杂草的生长。拉索（甲草胺43%乳油）是一种选择性芽前除草剂，它能够被植物幼芽吸收，从而杀死杂草幼芽，使其不出土。此外，使用时应选择无风天气，以防止药液飘移到敏感作物。因此，在对大豆使用43%拉索乳剂时，应注意以下几点：在大豆播种后出苗前施用；选择无风天气进行施药，以减少药液飘移的风险；这些措施有助于确保43%拉索乳剂的有效使用，同时保护作物不受损害。

3. 50%利谷隆可湿性粉剂

使用大豆50%利谷隆可湿性粉剂时，应注意施药次数、环境条件、施药安全措施以及根据土壤类型调整药量。大豆播种后出苗前，每公顷用50%的利谷隆可湿性粉剂2 250~3 000克，加水750~1 125千克，喷洒在土壤表面，同时，该除草剂适用于多种作物，包括大豆，且对人体和鱼类相对安全。

4. 35%稳杀得乳剂

在大豆生长到3~5片叶，杂草达到3~7片叶时，可以使用25%虎威水剂每公顷0.25千克，加入35%稳杀得乳剂0.35千克或20%拿扑净乳剂0.3千克混合应。此外，对于单子叶杂草，可以使用15%精稳杀得乳油，平均每亩施用50~60毫升。这表明35%稳杀得乳剂可以在大豆的不同生长阶段与不同的药剂混合使用，以提高除草效果。

5. 48%苯达松乳油

在大豆播种后出苗前，每亩按推荐剂量兑水30~45千克，将药液均匀喷雾于土壤表面上。这一步骤是为了在大豆苗前对土壤进行封闭处理，以防止杂草的生长。该品应仅限于非豆麦轮作的地区使用，并且每季大豆最多使用该品1次。这意味着在选择使用48%苯达松乳油时，需要考虑当地的轮作制度和作物种植历史。正确使用48%苯达松乳油对大豆是安全的，可以在土壤中持效期长，主要由微生物降解。这表明该药剂对环境友好，不会对大豆生长造成负面影响。对于一年生杂草，推荐使用的剂量为1 800~2 025毫升/公顷。这个剂量适用于大豆田中的一年生杂草防治。在大豆 2~3 片复叶，大部分杂草株高 5 厘米左右时施药。这是因为在大豆生长到一定阶段后，杂草会迅速生长，此时施药可以有效控制杂草的生长。

6. 20%拿捕净乳剂

可以在苗后除草时使用，每公顷用药量为 1~1.5 升。此外，也可以在 2~3 片复叶期施药，此时应选择早晚气温低、风速小、湿度大的时段进行，以避免干燥、高温的中午施药，并确保施药后 2~6 小时内没有大的降雨，无论是大豆出苗早期还是晚期，都可以采用苗带施药的方式。

7. 40%地乐胺乳油防大豆菟丝子（俗称"黄丝"）

每公顷用 40%地乐胺乳油 100~150 倍液 300~450 千克，在大豆长出第 4 片复叶以后，当菟丝子转株危害时喷施在大豆植株上，即可杀死大豆菟丝子。

第七章　大豆田间除草

第一节　大豆田间主要杂草

一、芦苇

芦苇，属于禾本科芦苇属。芦苇具有发达的葡萄根状茎，茎直立且中空光滑；叶片披针状线形，排列成两行；圆锥状花序微向下弯垂，下部枝腋间有白色柔毛；果实呈披针形。花期主要在 7 月，果期在 8—11 月。

芦苇一旦作为杂草入侵，竞争力强，会抢占作物的生长空间，与园林植物争夺水、肥、光等资源，导致植株退化、衰弱，形成严重的草害现象。

二、红蓼

红蓼（*Polygonum orientale* Linn.）是蓼科蓼属的一种一年生草本植物。其茎直立，具节，中空，叶两面均有粗毛及腺点。红蓼的花序为总状花序，顶生或腋生，下垂，初秋时开淡红色或玫瑰红色的小花。它主要生长在沟边、河川两岸的草地、沼泽潮湿处，因其生长迅速、高大茂盛，叶绿、花密且红艳，适应性强，故常作为观赏植物。

红蓼原产于澳大利亚，但现已广泛分布于中国四川、贵州、云南、辽宁、河北等地，以及朝鲜、日本、俄罗斯、菲律宾等地。它喜温暖湿润的环境，要求光照充足，适应性很强，对土壤要求不严，可以生长在肥沃、湿润、疏松的土壤中，也能耐瘠薄。生长适温范围为 16~26℃。

三、马齿苋

其形态独特而多变。它的植株常常多皱缩卷曲，聚集成团，仿佛一群亲密无间的伙伴。其茎部呈圆柱形，表面呈现出一种黄褐色的色调，上面还明显可见纵沟纹，仿佛是岁月的痕迹。马齿苋的叶子对生或互生，较为脆弱，容易破碎，因此需要小心呵护。完整的叶片呈倒卵形，色泽绿褐，先端钝平或微有缺口，边缘平滑无缺，花瓣共有 5 片，色泽鲜黄。

四、龙葵

一种一年生草本植物，属于茄科茄属。龙葵的各部分，特别是成熟后的果实，对动物具有毒害作用。家畜误食后可能会出现中毒迹象，如呼吸困难、流鼻涕、颤抖和腹泻等。龙葵与皮肤接触后可能导致皮肤红肿、搔痒，影响日常生活。同时，未经处理的龙葵幼苗、嫩茎叶因含有龙葵素、茄碱等有毒物质，不能直接食用。

五、铁苋菜

铁苋菜（*Acalypha australis* L.）是大戟科铁苋菜属的一年生草本植物。铁苋菜主要分布于东北亚至东南亚地区，在我国的大部分省份均有产出，而在俄罗斯远东地区、朝鲜、日本等地也有分布。它生于平原或山坡较湿润的耕地和空旷草地，喜湿润，一般土壤都可以生长。

六、马唐

马唐是一种一年生禾本科杂草，具有生长快、繁殖能力强、遮阴性强等特点，在大豆幼苗期，马唐的遮盖可能导致大豆幼苗失水、失光，影响其正常生长。到了大豆生长后期，马唐的生长会占据大豆的生长空间，损失大豆的光合作用面积，导致减产，甚至影响大豆的品质。因此，种植大豆时，需要注意马唐的防治，确保大豆的健康生长。具体措施可能包括合理的轮作制度、科学的施肥管理、适时的除草等，以减少马唐对大豆的危害。

七、狗尾草

狗尾草，作为一种一年生草本植物，隶属于禾本科狗尾草属。其根须状，秆多直立或基部膝曲，显得较为细弱。叶鞘松弛，有的无毛，有的则覆盖着柔毛；叶舌上生有1~2毫米的纤毛；叶片扁平，长度在5~30厘米，宽度为2~15毫米，顶端渐尖，基部或圆或渐窄，通常不带有毛发。

其圆锥花序紧密，形成圆柱形，长度介于2~15厘米，有的微弯垂，有的则直立，颜色多变，有绿色、黄色或紫色；小穗形状椭圆，先端略显钝，长度在2~2.5毫米；第一颖为卵形，带有3脉，第二颖则有5脉；第一外稃与小穗长度相当，带有5~7脉，内稃则相对狭窄。谷粒呈长圆形，顶端钝，表面布满了细点状皱纹。其花果期主要集中在夏秋季节。

八、金色狗尾草

金色狗尾草［*Setaria glauca*（L.）Beauv］中文名为金色狗尾草，是禾本科一年生草本植物，广泛分布于我国全国各地，对作物的危害与狗尾草相似。这种植物具有独特的生长特征和生态习性。这一特征使得它在禾本科植物中具有较高的辨识度。

在花序方面，金色狗尾草呈现圆锥花序圆柱状，直立生长。其刚毛为金黄色或略带褐色，长8毫米，呈椭圆形。小穗通常包含1~2个花，先端稍尖，且在一簇中通常仅有一个发育。颖片特征明显，一颖长为小穗的1/3左右，二颖长为小穗一半，具5~7脉。第一外稃及内稃与小穗等长，这一特点在禾本科植物分类中具有重要意义。谷粒端尖，成熟的谷粒具有横皱纹，背部隆起，这一特征有助于区分其他禾本科植物。

九、苘麻

苘麻（*Abutilon theophrasti* Medicus），其茎秆较高，上有柔毛；叶子较大且

有纹路，呈浅绿色，边缘不平整，叶柄较长；花朵呈扇形，表面有细毛，颜色为黄色；果实较小，形状为半球形，种子则是褐色。花期主要集中在 5—6 月，果期则在 7—9 月。苘麻原产于印度，但在热带和温带地区被广泛归化，中国除青藏高原外，其他各省份均有分布，尤其在路旁、荒地和田野间常见。这种植物喜温且对短日照敏感，对土壤的要求并不严格，但肥沃疏松的土壤更有利于其生长。

十、风花菜

风花菜，属于十字花科蔊菜属，一或二年生直立粗壮草本植物，高达 80 厘米，其茎单一且基部木质化，叶片形状多变，从长圆形到倒卵状披针形，边缘带有不整齐的粗齿，两面被疏毛覆盖。风花菜的多数总状花序以圆锥花序式排列，萼片长卵形，花瓣倒卵形，果实则呈现出果瓣隆起、平滑无毛的特点，果梗纤细，种子多数且淡褐色，极细小，呈扁卵形。

风花菜的花期和果期分别在 4—6 月和 7—9 月，多生长在路旁、沟边、田间及村屯人家附近，适应性极强，同时耐寒性和耐阴性也较强。

十一、鸭跖草

鸭跖草（*Commelina communis* L.）属于鸭跖草科鸭跖草属，一年生披散草本植物。其茎匍匐生根，多分枝；叶披针形或卵状披针形；萼片膜质，花瓣深蓝色；蒴果椭圆形；种子棕黄色，一端平截，腹面平，有不规则窝孔；花期7—9 月，果期 8—10 月。因草叶子的形状长得像鸭脚掌，"跖"的本义为指脚掌，故名鸭跖草。

鸭跖草分布于中国云南、四川、甘肃以东各地，在越南、朝鲜、日本、俄罗斯远东地区以及北美也有分布。这种植物对土壤要求不严，适应性强，耐旱性强，土壤略微湿即可生长；喜温暖、湿润气候，喜弱光，忌阳光暴晒。

十二、画眉草

画眉草 [*Eragrostis pilosa*（L.）Beauv.] 中文名为稗草，属于禾本科一年

生草本植物。这种植物在我国各地均有分布，对棉花、大豆、果树和蔬菜等作物构成了不小的威胁。

从形态特征来看，稗草的秆丛生，叶鞘光滑或鞘口生长柔毛，叶鞘有明显的脊。叶片呈狭条状，叶舌周围有一圈短纤毛。其圆锥花序略开展，枝腋间具长柔毛；小穗长圆形，包含 3~14 个小花。颖果为长圆形，黄棕色，长度和宽度分别为 7~8 毫米和 4~5 毫米。

在生长习性方面，稗草喜欢潮湿且肥沃的土壤。尽管其种子很小，但数量众多，这使得它在田间通过风进行广泛传播。稗草多混生在旱地作物或棉田中，对作物构成直接竞争。

关于稗草的生长周期，不同地区会有所差异。在河南的棉田中，稗草于 5 月上旬出苗，5 月下旬达到生长的第一个高峰，然后在 6—10 月间果实成熟后整株枯死。在上海地区，种子在 7—10 月间成熟。7 月产生的种子至 10 月仍具有发芽能力，而 10 月后成熟的种子则进入休眠状态，直到翌年 4 月中下旬再次出苗，5 月中下旬进入生长高峰，9 月又出现第二次高峰。在黑龙江，稗草于 5 月上中旬出苗，7 月上中旬出现第二批幼苗，8 月上中旬开花结实。

十三、千金子

千金子是一种二年生草本植物，属于禾本科千金子属。它的全株微被白霜，内含乳汁，茎直立且分枝多。千金子的花序为杯状聚伞花序，花单性，无花被，雄花多数和雌花同生于萼状总苞内。蒴果近球形，表面有褐黑两色相杂斑纹。花期在 4—7 月，果期在 7—8 月。千金子因其分枝多，本名应为"千茎子"。

十四、藜

藜（*Chenopodium album* L.）是一种属于藜科的一年生草本植物，也被称为灰菜。这种植物在我国各地都有广泛的分布，并且常常成为小麦、玉米、谷子、大豆、棉花、蔬菜、果树等农作物的主要杂草，对农作物的生长产生一定的负面影响。

藜的形态特征十分明显。它的茎直立，高度可以达到 30~120 厘米，具有分枝，并且具有条纹。叶子互生，有长柄，基部的叶片较大，通常呈菱状或三角状卵形，边缘具有不整齐的浅裂或波状齿。茎上部的叶片则相对较窄。叶子的背面具有粉粒，这是藜的一个显著特征。花序为圆锥状，两性花，具有 5 个花被片。胞果通常被包裹在花被内或稍微露出。种子呈双凸镜形，颜色为黑褐色至黑色。

藜的适应性非常强，既抗寒又耐旱。其发芽的适宜温度为 15~25℃。在黑龙江地区，藜通常在 4 月中旬开始出苗，6 月下旬开花，7 月下旬种子成熟。而在上海地区，藜在 3 月开始发生，4—5 月达到发生的高峰期，6 月以后发生数量减少，9—10 月开花结实。每一株藜可以结出约 2 万粒种子，这些种子在土壤中的深度为 4 厘米时仍能发芽，当土壤含水量在 20%~30% 时，其发芽率会相对较高。

十五、猪毛菜

猪毛菜（*Salsolacollina* Pall.）是一种属于藜科的一年生草本植物，也被称为札蓬棵。它在我国多个地区如东北、华北、陕西、甘肃、青海、河北、河南、江苏、四川、云南、西藏等都有分布。这种植物对农作物如小麦、棉花、花生、豆类等构成了一定的危害。

猪毛菜的幼苗具有两个子叶，形状为条状圆柱形，肉质且无柄，初生叶也是两个。成株时，它的茎直立，基部有很多分枝，分枝展开并具有条纹，整株的高度可以达到 30~100 厘米。叶子是条状圆柱形的肉质，互生，叶子的先端具有带有小刺的短糙硬毛。

花序为穗状，比较细弱，生长在枝条的上部。苞片为宽卵状披针形，先端带有硬针刺，有 2 个小苞片，以及 5 个花被片。结果后，背部会生出短翅或革质突起。胞果的形状是倒卵形。种子斜生或横生，胚卷曲成螺旋状，没有胚乳。这种植物的繁殖方式主要是种子繁殖。生于农田、路旁和荒地。

十六、菟丝子

菟丝子是一种寄生病害，主要发生在大豆种植期。它有两种形式：中国菟丝子和欧洲菟丝子。这两种菟丝子的种子都呈椭圆形，大小为 1~1.5 毫米×0.9~1.2 毫米，颜色为浅黄褐色。当它们在大豆等寄主上萌发时，茎会缠绕在寄主茎上，并产生吸盘伸入寄主茎内吸取养分。这会导致受害大豆的茎叶变黄、矮小、结荚少，严重时甚至可能导致全株黄枯而死。

中国菟丝子的茎细弱、黄化且无叶绿素。它的茎与寄主的茎接触后会产生吸器，附着在寄主表面吸收营养。它的花为白色，花柱有两条，头状，萼片具脊，脊纵行，使得萼片现出棱角。而欧洲菟丝子的藤则是线状，右旋缠绕，幼嫩部分初为黄色，后渐变为花白色。其蒴果为扁球形，吸器为卵圆形，与中国菟丝子非常相似。

大豆菟丝子的生长环境主要是在夏秋季，这是它们的生长高峰期，多寄生在豆科等植物上。它们的种子在春末初夏时萌发，长出淡黄色细丝状的幼苗。随后，这些幼苗不断生长，藤茎上端部分作旋转向四周伸出，当碰到寄主（如大豆）时，便紧贴在上缠绕，不久在其与寄主的接触处形成吸盘，并伸入寄主体内吸取水分和养料。

十七、繁缕

繁缕是一种常见田间杂草，具有一些特定的生长习性。首先，繁缕喜欢温和湿润的环境。在云南地区，繁缕一般在雨季生长旺盛，冬季也能见到。其适宜的生长温度为 13~23℃，能适应较轻的霜冻。其次，繁缕的分布范围广泛。它主要生长在温带地区，以及云南中低海拔和中高海拔地区的 500~3 700 米的范围内。在云南各地，繁缕几乎一年四季可见并可食用。它在国内其他省份也有分布，国外如日本、朝鲜、俄罗斯等地也可见到。

从形态上来看，繁缕为一年生或二年生草本，高 10~30 厘米。其茎俯仰或上升，基部多少分枝，常带淡紫红色。叶片宽卵形或卵形，顶端渐尖或急尖，基部渐狭或近心形，全缘。繁缕的花序为疏聚伞状，顶生；花瓣白色，长椭圆形，深裂至近基部，裂片近线形。

十八、水棘针

水棘针，也被称为细叶山紫苏或土荆芥，是一种一年生草本植物，高度可以达到 1 米。它的生长环境十分广泛，包括田边、旷野、沙地、河滩、路边及溪旁等湿润的地方，其生长海拔范围在 200~3 400 米。

水棘针的花期主要在 8—9 月，果期则在 9—10 月。它的叶形独特，为三角形或近卵形，具有 3 深裂，裂片窄卵形或披针形，边缘具锯齿，稀不裂或 5 裂，具粗锯齿或重锯齿，上面被微柔毛或近无毛，下面无毛。此外，它的花萼钟形，花冠蓝或紫蓝色，具有独特的观赏价值。

在果实方面，水棘针的小坚果为倒卵状三棱形，背面具网状皱纹，腹面具棱，两侧平滑，合生面大，高达果长 1/2 以上。这种特殊的果实形态也有助于其种子的传播和繁衍。

从地理分布来看，水棘针在国内的产地包括吉林、辽宁、内蒙古、河北、河南、山东、山西、陕西、甘肃、新疆、安徽、湖北等地，显示了其较强的适应性和广泛的分布范围。

十九、大巢菜

大巢菜是一种一年生草本植物，具有以下主要习性特点。

喜温凉气候：大巢菜具有较强的抗寒能力，其生长发育需要 ≥0℃ 的积温在 1 700~2 000℃。因此，它适合在温凉的气候条件下生长，并能在海拔 600~2 900 米的林下、河滩、草丛及灌丛等环境中生长。在我国，它主要分布于甘肃省海拔 3 000 米以下的农牧区。

生长周期：从播种到成熟，大巢菜需要 100~140 天的时间。播种时的温度会影响出苗速度，温度高时出苗快。例如，在温度为 10~11℃ 时，播种后 12~15 天即可出苗；而在 4℃ 左右时，则需要 20~25 天才能出苗。但在高温干燥的条件下，出苗速度可能会变慢。

对土壤的要求：大巢菜对土壤的要求并不严格，它能在 pH 值为 5.0~8.5 的沙砾质至黏质土壤上生长良好。然而，它在排水良好、肥沃的土壤和沙壤土上种植效果更佳，尤其是在 pH 值为 6.0~6.8 的土壤中。此外，大巢菜耐酸耐瘠薄能力强，但耐盐能力差，因此在冷浸泥田和盐碱地上的生长可能不良。

对水分和干旱的适应性：大巢菜对水分敏感，遇干旱时生长不良，但仍能保持较长时间的生机。当遇到水分后，它又能继续生长，但产量可能会显著下降。这显示了它具有一定的耐旱性，但生长过程中仍需适量的水分。

再生性：大巢菜具有较强的再生能力，但其再生性的强弱与刈割时期和留茬高度有关。在花期前进行刈割，且留茬高度在 20 厘米以上时，其再生草的产量会相对较高。

抗冰雹能力：大巢菜具有较强的抗冰雹能力。由于其叶小茎柔韧，在同等条件下受灾较轻，对产量的影响也较小。

二十、问荆

问荆属于问荆亚属，是一种适应性强的植物。它喜光、耐寒、耐水湿，常常可以在海拔 0~3 700 米的林缘湿地、潮湿的草地、沟渠旁、沙土地、耕地、山坡、草甸、溪边草丛等处生长。问荆的生长适温在 15~28℃，它在中性土壤中生长良好，要求土壤湿润且光线充足。

此外，问荆的繁殖方式有三种：分株分枝繁殖、块茎繁殖以及孢子繁殖。其中，分株分枝繁殖和块茎繁殖属于无性繁殖，一般在春季进行。孢子繁殖则发生在夏秋季，孢子囊产生的孢子可以随风传播，并在土壤里越冬，待春季来临后发芽，长成新的植株。由于问荆的繁殖能力强，且易存活，它可能成为危害作物生长的害草，尤其是在农田中，一旦侵入，就不易清除。

第二节 大豆田间杂草防治措施

大豆田间杂草防治措施主要包括农业措施、生态措施和化学控草技术。

一、农业措施

田间沟渠、地边和田埂生长的杂草，在结实前及时清除，防止杂草种子扩散入大豆田危害。通过播种前浅旋耕、适时早播，以及采取与玉米、小麦、水稻等作物轮作，减少伴生杂草发生。采取适当密植、加强肥水管理，增强大豆的田间竞争能力，减轻杂草危害。

二、生态措施

采取作物秸秆覆盖，配合免耕播种机，有效降低杂草出苗数。

三、化学控草技术

根据大豆田杂草生长的种类确定除草剂的使用。如果是禾本科杂草为主，可用乙草胺、异丙甲草胺进行苗前土壤封闭；如果是以阔叶杂草为主，可以用唑嘧磺草胺苗前土壤封闭。建议播种前清理杂草，可以灭茬以后再旋耕，也可以喷施草甘膦药剂。在大豆生长的不同阶段，选择合适的除草剂配方。例如，在大豆 2~3 片复叶期，每亩用 35% 高效氟吡·异噁·氟磺胺草醚可分散油悬浮剂 120~130 毫升，兑水 20~30 千克均匀喷雾，对大豆田常见的一年生禾本科杂草和阔叶杂草，以及芦苇草等恶性杂草都有很好的杀灭效果。

需要注意的是，喷施大豆除草剂时，建议选择上午 10 时之前和下午 16 时之后进行，避开中午高温时间段。另外，除草剂的使用量和浓度需要根据具体情况进行调整，避免对大豆作物造成损害。

第八章　大豆主要病虫害防治

第一节　大豆主要病害症状及其防治方法

一、大豆花叶病及其防治方法

大豆花叶病是由大豆花叶病毒（SMV）引起的一种病害，主要侵害大豆的叶片，给大豆的生长和产量带来严重影响。了解大豆花叶病的症状、病原及防治方法，对于保障大豆的健康生长至关重要。大豆花叶病的症状多样，常见症状包括叶片出现黄绿相间的斑驳，叶片皱缩、扭曲，叶脉变褐，叶缘下卷，严重时可能导致植株矮化、顶枯。这些症状不仅影响大豆的光合作用，还可能导致大豆产量下降，品质降低。

大豆花叶病的病原是大豆花叶病毒，这是一种马铃薯 Y 病毒科的成员。病毒粒体线状，分散于细胞质及细胞核中。该病毒在特定条件下具有较高的侵染力，且存在不同株系，中国已初步鉴定出多个株系。

为了有效防治大豆花叶病，首先，选用抗病品种是防治花叶病的基础。通过种植抗花叶病的大豆品种，可以降低病害的发生率。其次，蚜虫防治是关键。蚜虫是花叶病毒的主要传播媒介，因此，及时防治蚜虫对于控制花叶病至关重要。我们可以使用吡虫啉、啶虫脒等药剂进行防治。此外，强化田间管理也必不可少。及时清除田间病株和杂草，保持田间清洁，合理施肥和灌溉，增强植株的抵抗力。最后，在病害初期，可使用香菇多糖、吗胍·乙酸铜等药剂进行化学防治，以控制病害的蔓延。

二、大豆霜霉病及其防治方法

症状主要表现在大豆的幼苗、叶片、豆荚和籽粒上。大豆叶片发病后，会出现白色或灰白色的霉斑，其形状不规则、大小不等，常见于叶片背面。随着病情的加重，霉斑的数量和大小会逐渐增多、扩大，最终导致叶片干枯、脱落。受害严重的叶片会出现褪绿小斑点，以后变成褐色小点，背面产生霉层。大豆在幼芽期发病时，会导致幼芽部分或全部枯死。发病初期，幼芽会呈现出嫩黄色或淡绿色，有时还会出现黑色条纹或斑点。茎部发病后，会出现灰色或白色的霉斑，同样地，霉斑的数量和大小会随着病情的加重而逐渐增多、扩大。在严重的情况下，霉斑可能会覆盖整个茎部，导致茎部腐烂、枯死。豆荚发病后，豆荚表面会出现灰色或白色的霉斑，这些霉斑会随着时间的推移逐渐扩大，最终导致豆荚裂开。另外，豆荚内部的种子也可能会被霜霉病侵袭，导致其发芽率下降，表面黏附一层黄白色或灰白色粉末，为病菌的卵孢子和菌丝。

大豆霜霉病的防治方法主要包括农业防治和化学防治。农业防治方面，首先要选用抗病品种，注意选择对霜霉病具有抗性的大豆品种，以减少病害的发生。其次，实行轮作制度，避免连作，可与禾本科作物轮作 2~3 年，以减少病菌在土壤中的积累。同时，合理密植，保持田间通风透光，降低湿度，有助于控制病害的蔓延。加强田间管理也至关重要，包括增施磷钾肥，促进植株生长健壮。

化学防治方面，种子处理是一个重要环节。在播种前，可以选择晒种和药剂拌种等方法。晒种可以提高发芽势，同时杀灭种子表面的病菌。药剂拌种则可以使用如 50% 福美双、50% 四氯苯醌、65% 福美特、70% 敌克松等药剂，按照一定比例拌种，防治效果较好。在田间发病初期，可以使用如 1∶1∶200 倍波尔多液等药剂进行喷洒，每隔一定时间（如 6~7 天）喷洒一次，连续喷洒 2~3 次，以达到控制病害的目的。

三、大豆黑斑病及其防治方法

大豆黑斑病的症状主要表现在大豆的叶片、茎、荚和籽实上。子叶上病斑通常呈现为圆形、半圆形或椭圆形，颜色为深褐色，并可能稍微凹陷。成株期的叶片病斑起初为褪绿的小圆斑，之后逐渐发展成为边缘褐色、中央灰色或灰褐色的蛙眼状斑。

大豆黑斑病的病原是大豆尾孢菌，也称为大豆短胖孢，属于半知菌亚门、尾孢属真菌。这种病菌的分生孢子梗通常从气孔伸出，呈束状，数量为 5 ~ 12 根，不分枝，颜色为褐色。分生孢子则呈现为柱形至倒棒状，具有隔膜 1 ~ 11 个，无色透明。病菌的生长发育适温为 25 ~ 28℃，在高于 35℃ 或低于 15℃ 的环境下不能生长。

大豆黑斑病的传播途径主要有两种。一是病菌以菌丝体或分生孢子在病残体或种子上越冬，成为翌年初侵染源。另一种方式是种子自身携带病菌。这些分生孢子可以借助气流和雨水进行传播，特别是在适宜的环境条件下，如湿度较大时，孢子的萌发率会提高，进一步加剧病害的传播。大豆黑斑病的发病条件主要与温湿度、品种的抗病性和菌源量有关。首先，黑斑病菌孢子的萌发受温度和湿度的显著影响。孢子萌发的最低温度为 12℃，最适温度为 21 ~ 26℃，超过 35℃ 时萌发率会明显降低。湿度方面，萌发的最低湿度为 65% ~ 75%，湿度越大萌发率越高。因此，高温高湿的环境条件有利于大豆黑斑病的发生和流行。其次，品种的抗病性也是影响发病的重要因素。一些品种自身具有较强的抗病性，能够减少病害的发生。此外，种植密度也会影响病害的发生。种植密度过大，通风透光不畅，土壤田间水分过大，温度过高，这些都可能导致黑斑病的发生。田间越冬菌源量的大小也会影响病害的严重程度。在菌源量大的重迎茬和不翻耕豆田中，大豆黑斑病的发生概率和病情严重程度都可能增加。

黑斑病的防治主要依赖于选育和利用抗病品种，同时加强农业防病措施。在病害流行年份，适期喷施药剂也能取得显著效果。目前，已有多个抗病品种如合丰 29、垦农 4 号、东农 42 号等被培育出来，这些品种的抗性由显性抗病基因控制，但抗性持续时间可能较短，因此需要定期监测病菌生理小种的变化，以便选择新的抗病品种。在应用抗病品种时，应注意避免重茬种植，合理轮作，并及时清除田间病残体，以减少越冬菌量。同时，根据品种特性合理密植，加强栽培管理，控制杂草，降低田间湿度，从而创造不利于病害发生的环境条件。在病害发生初期或易感病期，根据病情发展和气象预报，及时喷施药剂进行防治。常用药剂包括多菌灵胶悬剂、甲基硫菌灵可湿性粉剂、百菌清可湿性粉剂等，使用时需按照推荐浓度进行稀释，并均匀喷施于植株上。

四、大豆紫斑病及其防治方法

大豆紫斑病的病原微生物为 Cercosporakikuchii（Matsum. Et Tomoyasu）Chupp. 称菊池尾孢，属半知菌亚门真菌。其特点在于子座较小，而分生孢子梗则呈现簇生状态，并且无分枝。这些分生孢子梗的颜色为暗褐色，其大小范围在 45~200 微米长，而宽度则在 4~6 微米。分生孢子则呈现出无色状态，形状类似于鞭状或圆筒形，顶端稍显尖锐。此外，这些分生孢子还具备分隔，数量多的可达 20 个以上。

该病害主要侵袭豆荚和豆粒，同时也对叶片和茎部造成损害。在幼苗期，病害会在子叶上形成褐色至赤褐色的圆形斑点，呈现出云纹状的图案。随着病害的发展，真叶上会出现初生的紫色圆形小点，这些小点会散生并逐渐扩展，形成多角形褐色或浅灰色的病斑。当病害蔓延至茎部时，会在茎秆上形成长条状或梭形的红褐色斑。在病情严重的情况下，整个茎秆会变为黑紫色，并生长出稀疏的灰黑色霉层。豆荚上则会出现紫色斑点，这些斑点内部颜色较浅，外部颜色较深。豆粒感染此病害后，病斑的形状和大小会有所不同，但通常仅限于种皮，不会深入豆粒内部。症状的表现会因豆粒品种和发病时期的不同而有所差异。大多数情况下，病斑呈现紫色，有时也呈青黑色，特别是在豆粒的脐部四周会形成浅紫色的斑块。在病情严重的情况下，整个豆粒可能变为紫色，并出现皲裂现象。

病菌在种皮内以菌丝体形式潜伏，或在病残体上以菌丝体和分生孢子的形态越冬，成为下一年的主要侵染源。当种子带有病菌时，子叶容易受到感染而发病。发病的幼苗或叶片上产生的分生孢子，会借助风雨进行传播，导致初次侵染和后续的再侵染。大豆在开花期和结荚期，若遇到多雨且气温偏高的天气，特别是当平均气温在 25.5~27℃时，病害的发病情况尤为严重。若气温高于或低于这个范围，病害的发病程度则会减轻，甚至不发病。此外，连作地以及种植早熟品种的大豆，其发病情况也往往较为严重。

防治方法可以采用：①选择抗病性强的品种，如黑龙江 41 号、铁丰 19。②在播种前，应严格筛选种子，确保使用无病害的种子。同时，为了增强种子的抗病性，可以采用 0.3% 的 50% 福美双或 40% 大富丹进行拌种处理。③大豆收获后应及时进行秋耕。在大豆收获完毕后，应立即进行秋耕，这有助于加速病残体的腐烂，减少病害菌在土壤中的积累，从而降低下一季大豆的初侵染源。④在关键生长期进行药剂防治。在大豆的开花始期、蕾期、结荚期和嫩荚期，这四个关键阶段应各喷施一次药剂。药剂可以选择 30% 碱式硫酸铜悬浮剂 400 倍液、1∶1∶160 倍式波尔多液、50% 多·霉威可湿性粉剂 1 000 倍液、50% 苯菌灵可湿性粉剂 1 500 倍液或 36% 甲基硫菌灵悬浮剂 500 倍液等。每公顷应喷洒约 825 升药液，确保均匀覆盖，以有效防治病害。

五、大豆褐斑病及其防治方法

大豆褐斑病，又称为斑枯病，是一种对大豆生长具有显著影响的病害。该病害主要侵害大豆的叶片，并可能逐渐扩展至茎、叶柄和豆荚，对大豆的产量和品质造成严重威胁。在病害初期，叶片底部开始出现不规则形的暗褐色病斑，这些病斑上生长着非常细小的黑点。随着病情的加重，真叶上也会出现棕褐色的病斑，这些病斑呈多角形，受到叶脉的限制，直径通常在 1~5 毫米。在严重的情况下，病斑会相互融合，形成更大的斑块，导致叶片变黄并最终脱落。除了叶片，茎和叶柄也会受到大豆褐斑病的侵害。在这些部位，病斑呈暗褐色，短条状，边缘不清晰。豆荚受害时，会出现不规则的棕褐色斑点，这些斑点不仅影响豆荚的外观，还可能影响其内部的种子质量。

大豆褐斑病是由 Septoria glycines Hemmi，即大豆壳针孢菌引起的真菌性病害。这种病原真菌属于半知菌亚门，其分生孢子器埋生于大豆叶片组织内，可以是散生或聚生的球形结构，器壁为褐色且膜质，直径在 64~112 微米。

大豆褐斑病在温暖多雨、夜间多雾、结露持续时间长的条件下发病尤为严重。这种环境为病菌的繁殖和传播提供了有利条件，导致病害迅速扩散和加重。因此，在防治大豆褐斑病时，除了选用抗病品种和加强田间管理外，还应特别关注天气条件，及时采取应对措施，以减少病害的发生和损失。大豆褐斑病防治方法有：①选用抗病品种。②实行 3 年以上轮作。③在病害发生初期，及时采取化学防治措施可以有效地控制病害的蔓延。如 75% 百菌清可湿性粉剂、50% 琥胶肥酸铜可湿性粉剂等都是有效的杀菌剂，能够杀灭或抑制病原菌的繁殖。在防治过程中，应注意药剂的使用浓度、喷施方法和防治频率，一般每隔 10 天左右防治 1 次，根据病情严重程度可防治 1 次或 2 次。

六、大豆锈病及其防治方法

大豆锈病的症状主要显著地展现在叶片、叶柄及茎部。在发病的初期阶段，叶片上会悄然出现微小的褐色斑点，这些斑点随后会不断扩大，其色泽也会逐渐转变为黄褐色、红褐色、紫褐色，甚至最终演变为黑褐色。随着病斑的扩展，患病部位会逐渐凸起，形成夏孢子堆，每个病斑的大小约为 1 毫米。当病斑密集分布时，它们会形成被叶脉所限制的坏死区域，一旦病斑表皮发生破裂，就会释放出大量的锈色夏孢子。

在生育的后期阶段，夏孢子堆的四周会逐渐形成黑褐色、多角形且略微隆起的冬孢子堆。这些孢子堆既可以出现在叶片的背面，也可以出现在正面，而且它们的表皮并不会破裂。通常，大豆植株是从下部的叶片开始发病，随后病害会逐渐向上部的叶片蔓延，导致叶片迅速枯黄并提早脱落。当叶片上布满了孢子堆时，它们会变得异常干枯，进而引发早期落叶的现象。

对于发病较早的植株，它们往往会表现得相对矮小，豆荚的数量也会显著减少，而且籽粒也不会很饱满。叶柄和茎部的发病症状与叶片上的症状相似，同样会受到锈病的侵袭和影响。

大豆锈病主要通过气流和雨水进行传播。夏孢子随雨而降，在适宜的温湿度条件下萌发并侵入寄主植物。此外，土传、风气流以及昆虫也可能参与传播。在生长季节里，病原菌从南向北随气流做长距离传播。

大豆锈病的防治措施有：①选用抗病或耐病品种：如缙云豆、包罗豆、兰溪花皮青豆、中黄 2 号、中黄 3 号、中黄 4 号、九丰 3 号、长农 7 号、三明的雁鹅包、南雄黄豆等。②合理施肥与浇水：通过配方施肥技术提高植株的抗病力，同时适时浇水，保证大豆生长所需的水分和营养。③调整播种期：适当调整播种时间，避开病害发生的高峰期，减少病害对大豆的影响。④改善田间环境：采用单种种植方式，避免间套种，以便增加通风透光，降低田间湿度。同时，开沟排渍，降低湿度，也是减少病害的有效方法。⑤药剂防治：在发病初期，可以选用适当的药剂进行防治。例如，使用 25% 粉锈宁可湿性粉剂

1 000 倍液或 10% 锈菌净可湿性粉剂 800 倍液进行喷雾处理。但需要注意的是，药剂使用应严格按照说明进行，避免过量使用对环境和大豆产生负面影响。

七、大豆菌核病及其防治方法

大豆菌核病主要危害大豆的地上部分，从苗期到成株期均可发病，尤其在花期受害最为严重。其症状主要包括苗枯、叶腐、茎腐和荚腐等。在苗期，大豆植株的茎基部会出现水渍状或棉絮状的菌丝，颜色逐渐由褐色变为黄褐色，最终导致幼苗干枯死亡。到了成株期，叶片上会出现暗绿色的水浸状病斑，随着病害的加重，病斑逐渐扩展为圆形或不规则形状，中心为灰色，四周为暗褐色，并带有黄色晕圈。湿度大时，病斑上也会生出白色菌丝，导致叶片腐烂脱落。茎秆感染病害后，病斑呈水浸状，颜色由褐色逐渐褪为浅白色，并环绕茎部上下扩展，导致茎部以上部分枯死或折断。在湿度较大的环境下，菌丝处还会形成黑色菌核，病茎的髓部会变空，菌核充塞其中。干燥条件下，茎皮会纵向撕裂，维管束外露，严重时整株大豆会枯死。豆荚感染病害时，同样会出现水浸状不规则病斑，导致豆荚内部和外部都受害，严重影响结实，甚至导致颗粒无收。

大豆菌核病，由 *Sclerotiniasclerotiorum*（Lib.）deBary 核盘菌引发，是子囊菌亚门真菌的一种，其症状与影响不容忽视。这种病害的病原菌具有特定的形态和生物学特性，对大豆的生长构成了严重威胁。菌核，作为该病害的主要传播体，呈现圆柱状或鼠粪状，大小为 3~7 毫米×1~4 毫米，内部为白色，外部则为黑色。在适宜的环境条件下，菌核会萌发产生子囊盘，其上栅状排列的子囊内含有 8 个子囊孢子。这些子囊孢子单胞、无色、椭圆形，大小为 9~14 微米×3~6 微米。侧丝无色，丝状，夹生在子囊间，为病害的传播和扩散提供了条件。

大豆菌核病的发生与流行受到多种环境因素的影响。菌丝在 5~30℃ 均可生长，而菌核的萌发温限为 5~25℃，适温为 20℃。特别值得注意的是，菌核的萌发并不需要光照，但形成子囊盘柄则需要散射光。在越冬期间，菌核可以在土壤中、病残体内或混杂在种子中存活，成为翌年病害的初侵染源。一旦环境条件适宜，菌核就会萌发并产生子囊盘，释放出子囊孢子，通过气流传播进行初侵染。再侵染则通过病健部接触菌丝进行。当田间湿度高、大气相对湿度超过85%时，菌丝会迅速增殖，导致健康植株在短短2~3天内发病。

此外，菌核在田间土壤中的萌发能力也受到土壤深度的影响，深度在3厘米以上的土壤有利于菌核的正常萌发，而深度超过3厘米的土壤则不利于菌核的萌发。大豆菌核病的流行还受到降水量和相对湿度的影响。当旬降水量低于40毫米，相对湿度小于80%时，病害的流行会明显减缓；而降水量进一步减少至低于20毫米，相对湿度持续低于80%时，子囊盘会干萎，菌丝停止增殖，病斑逐渐干枯，病害的流行终止。

大豆菌核病防治方法有：①大豆与禾本科作物轮作倒茬，可以有效减少田间菌核的积累，避免重茬、迎茬，从而起到预防菌核病的作用。建议至少进行3年的轮作。②注意土壤的排水性，避免积水，以防止病害的发生。同时，合理施肥，保持土壤的肥力平衡，增强大豆植株的抗病能力。此外，定期进行土壤消毒也是减少病菌在土壤中存活的有效手段。③根据所选品种的特点，合理控制种植密度，以保证植株之间的通风和阳光照射，从而减少病菌的传播和繁殖。④在大豆收获后，及时清除并烧毁田间的病株残体，包括叶片、茎秆和豆荚等，以破坏病菌的生存空间，减少病菌的数量。⑤在菌核病发生初期或预测可能大量发生时，可以使用化学药剂进行防治。例如，喷施50%速克或40%菌核净可湿性粉剂1 000倍液、50%扑海因（异菌脲）可湿性粉剂1 200倍液或50%多菌灵可湿性粉剂500倍液等。但使用时要注意药剂的用量和使用时机，避免对环境和作物造成不必要的伤害。

八、大豆枯萎病及其防治方法

大豆枯萎病是一种对大豆生长产生严重影响的病害。其主要症状体现在大豆植株的不同部位，随着病害的发展，这些症状会逐渐显现并恶化。在幼苗期，一旦感染枯萎病，大豆幼苗会首先表现出萎蔫的症状，茎部会变得软化，叶片出现褪绿或卷缩的现象，整体呈现青枯状。重要的是，这些叶片通常不会脱落，叶柄也不会下垂。同时，病根的发育会变得不健全，幼株的根系会出现腐烂坏死的现象，颜色变为褐色，并且这种病变会扩展到地上部分的3~5节。

进入成株期后，大豆病株的表现症状逐渐明显且多样化。最初，叶片会从上至下逐渐出现萎蔫、黄化和枯死的现象，这通常是病害侵袭的初步迹象。有时，这种病变并不是全面暴发，而是先从一侧或某个侧枝开始，随后逐渐蔓延至整株植物，显示出病害的扩散性和侵袭性。病株的根部也会发生显著变化。病根会逐渐呈现干枯状坏死，颜色从初始的褐色逐渐加深至深褐色，这是根部细胞受损和死亡的直观表现。当剖开病部根系进行观察时，可以清晰地发现维管束组织已经变为褐色，这是病害在植物体内蔓延的直接证据。

茎部作为植物的重要支撑结构，在病害的影响下也会发生明显变化。茎部不仅会明显变细，还会出现褐色坏死斑，这是茎部细胞受到严重破坏的结果。在病健结合处，即健康组织与病变组织的交界处，髓腔中可以观察到粉红色菌丝的存在，这是病原菌在植物体内生长和繁殖的直接体现。同时，病健结合处以上的茎部组织会呈现褐色水渍状，这是细胞液外渗和组织坏死的表现。病株的茎基部会出现明显的病害特征，产生白色絮状菌丝和粉红色胶状物，这些分别是病原菌的菌丝和分生孢子。它们的出现标志着病原菌已经在植物体内大量繁殖，并对植物造成了严重的损害。大豆枯萎病的发病条件包括肥料未充分腐熟、有机肥带菌、使用易感病种子、地势低洼积水、排水不良、土壤潮湿以及高温高湿多雨的环境。这些因素都可能加剧病害的发生和蔓延。

大豆枯萎病的病原微生物是尖镰孢菌豆类专化型。这是一种真菌，属于真菌界、半知菌亚门、丝孢纲、瘤座孢目、瘤座孢科、镰孢属。尖镰孢菌豆类专化型在大豆生长过程中会侵染植株，导致大豆枯萎病的发生。这种病害系统性地侵染大豆植株的整株，对叶片、茎、根等造成危害。当大豆受到尖镰孢菌豆类专化型的侵染时，叶片会由下向上逐渐变黄，随着感染的深入，植株表面逐渐变为黄褐色，最终导致植株萎蔫、枯死。

大豆枯萎病防治方法有：①因地制宜选用抗枯萎病的品种。②加强田间管理，及时清除病叶、病株，减少病源，保持田间环境清洁。此外，重病地可以实行与非豆科作物轮作，以减少土壤中病原菌的积累。同时，合理施肥，提高土壤肥力，增强植株的抗病能力。③生物防治，主要是利用有益微生物或生物制剂来抑制病原菌的生长和繁殖。例如，可以进行灌根防治，通过向根部浇灌含有有益微生物的制剂，来改善土壤微生态环境，抑制病原菌的侵害。④化学防治，可使用新高脂膜拌种，以提高种子发芽率，驱避地下害虫，隔离病毒感染。在发病初期，可以使用30%戊唑·多菌灵悬浮剂或45%咪鲜胺水乳剂等药剂进行喷雾防治，以控制病害的蔓延。需要注意的是，化学防治可能会对环境产生一定影响，因此在使用农药时要遵循相关法规，注意安全和环保。

九、大豆根腐病及其防治方法

大豆根腐病，作为一种主要侵袭大豆根部的植物病害，其症状多样且对植株生长影响显著。在感染初期，大豆的根系生长明显不健壮，毛细根数量显著减少，根瘤的数量也大幅下降，甚至可能出现完全没有根瘤的情况。更为严重的是，根尖部分可能出现褐色变化，这是病害侵袭的明显迹象。由于根系是植物吸收营养和水分的关键部位，一旦受到侵害，营养和水分的输送将受到严重阻碍。这导致地上部分的植株出现失绿、变化，生长受到明显抑制，表现为植株矮小、萎蔫。在病害严重的情况下，甚至可能出现死棵现象，对大豆产量造成巨大损失。

在茎基部或胚根表皮，初期会出现淡红褐色不规则的小斑。随着病情的发展，这些小斑逐渐变为红褐色凹陷坏死斑，并绕根茎扩展，导致根皮大面积枯死。到了病害后期，根部可能变黑褐色，表皮出现腐烂现象，侧根和须根不发达或坏死。大豆根腐病对地上部分的植株也有显著影响。病株的地上部分发育不良，叶片发黄，下部叶片提早脱落。整个植株显得矮瘦，分枝减少，豆荚数量少，籽粒也较小。

大豆根腐病的病原微生物主要是 Rhizoctonia solani Kuehn。这种微生物在适宜的生长条件下，如马铃薯蔗糖琼脂培养基中，会展现出特定的生长特性。它的菌丛初为淡色，随后会逐渐转变为褐色，而菌丝体则呈现为棉絮状或蛛丝状，无色且宽度在6~8微米。随着菌丝的生长，其颜色、形态和分枝方式都会发生变化，部分菌丝细胞甚至会逐渐膨大并形成菌核。这些菌核形状不规则，呈褐色，直径1~3微米。这些特征使得我们能够准确识别大豆立枯病的病原微生物，从而有针对性地采取防治措施。

大豆根腐病在连作的情况下发病较为严重，而轮作则相对较轻。这主要是因为病菌在土壤中连年积累，导致菌量增加。种子质量的好坏也直接影响着病害的严重程度，特别是发霉变质的种子，其发病风险明显增大。值得注意的是，根腐病的病原能够通过种子进行传播，这与种子的发芽势降低以及抗病性衰退密切相关。播种时间过早，使得幼苗在田间的生长时期延长，从而增加了发病的风险。此外，未经腐熟的病残株作为肥料使用时，也可能成为病害传播的源头。在地下害虫多、土质贫瘠、缺乏肥料以及大豆生长状况不佳的田块，大豆立枯病的发病情况也往往更为严重。

大豆根腐病防治方法有：①选用抗病品种：选用具有抗病性的大豆品种，这是减少大豆立枯病发生的基础措施。抗病品种通常对病原菌具有较强的抵抗能力，从而降低病害发生的概率。②种子处理：种子处理也是预防大豆立枯病的重要措施。例如，使用甲基立枯磷乳油或福美双可湿性粉剂进行拌种，能有效防止种子带菌，提高种子的发芽势和抗病性。③轮作制度：实行轮作制度，特别是与禾本科作物的轮作，有助于减少土壤中病原菌的积累，降低病害发生的风险。一般建议与禾本科作物实行 3 年以上的轮作。④地块选择与管理：选择排水良好、地势较高的地块种植大豆，防止积水。在低洼地，应采用垄作或高畦深沟种植，防止地表湿度过大。同时，要合理密植，防止出苗后出现苗欺苗现象。⑤药剂防治：在发病初期，应及时喷洒药剂进行防治。常用的药剂包括三乙膦酸铝可湿性粉剂、乙磷·锰锌可湿性粉剂、甲霜灵·锰锌可湿性粉剂等。使用时，应按照说明书上的建议进行，注意使用剂量和期限，确保安全有效。

十、大豆线虫病害及其防治方法

大豆孢囊线虫病是一种严重危害大豆作物的病害，主要影响大豆的根尖部位。当大豆根部受到线虫的刺激时，会形成一种特殊的节状瘤。这些病瘤不仅大小不一，形状各异，而且它们的存在会显著影响大豆根系的正常发育。受影响的根系通常不发达，导致根瘤数量减少，进一步影响大豆的生长和产量。观察受害大豆的根部，可以发现一些白色或黄白色的小颗粒，这些就是线虫的孢囊。随着病情的发展，这些孢囊的颜色会逐渐变深，最终变为褐色。这些孢囊的存在进一步加剧了根系的受损程度，使得大豆植株的生长受到严重限制。由于根系受损，大豆植株往往表现出矮小、叶片黄化的症状。在病情严重时，植株甚至会出现萎蔫和枯死的现象。

大豆孢囊线虫病是一种对大豆作物具有显著破坏性的病害，其病原为大豆孢囊线虫（Heterodera glycines Ichinohe），属于异皮科孢囊线虫属。这种线虫在其生命周期的不同阶段展现出不同的形态特征。2 龄幼虫时，雌雄线虫在形态上难以区分，都呈现出线状的形态。在这个阶段，线虫在土壤中自由活动数周，然后从大豆的根冠部位侵入寄主。到了 3 龄幼虫阶段，雌雄线虫开始展现出可辨识的差异。雄虫依然保持线状形态，而雌虫则开始腹部膨大成囊状。到 4 龄幼虫阶段，其形态已经与成虫非常相似。最终，成虫阶段时，雄虫保持线状，体长通常在 1.2~1.4 毫米；而雌虫则呈现梨形。

大豆根结线虫是一种定居型线虫，它们主要通过侵入大豆的新根来造成危害。在温度适宜的条件下，这些线虫随时都可能侵入大豆根部并造成损害。连作大豆田由于土壤中的线虫数量累积，发病往往更为严重。此外，偏酸或中性的土壤环境有利于线虫的繁殖和生长，因此这类土壤中的大豆更容易受到线虫的危害。沙质土壤和瘠薄地块由于其土壤特性和养分状况，也更容易发生线虫病。

大豆线虫病防治方法有：①免耕可以减少土壤扰动，降低线虫的传播机会。通过减少耕作次数，可以保持土壤结构的稳定性，有助于减轻病害的发生。②与非寄主植物进行 3 年以上的轮作是防治大豆线虫病的有效措施。这有助于打破线虫在土壤中的生命周期，减少其数量，从而减轻病害的发生。③因地制宜地选用抗线虫病品种是防治大豆线虫病的重要措施。选择具有抗线虫基因的大豆品种，可以在一定程度上抵抗线虫的侵害，减少病害的发生。然而，需要注意的是，同一地区不宜长期连续使用同一种抗病品种，以免线虫产生适应性。④使用药剂拌种可以在播种前对种子进行处理，提高种子的抗线虫能力。例如，可以使用种子重量 0.1%~0.2% 的 1.5% 菌线威颗粒剂，与过筛湿润的细土混合后拌种，然后直接播种。

第二节 大豆主要虫害为害症状及防治措施

一、大豆食心虫及防治措施

1. 为害症状

大豆食心虫是一种重要的农业害虫，主要分布于我国的东北、华北、西北、华东和华中地区，以大豆、野生大豆和苦参等植物为食。它的生命周期包括成虫、卵、幼虫和蛹四个阶段，每个阶段都有其独特的形态特征和生长习性。

成虫体型较小，黄褐色至暗褐色，前翅略呈长方形，具有一些明显的特征，如黄色包围的黑紫色短斜纹和银灰色椭圆形肛上纹。成虫主要在下午活动，飞舞于豆株顶部，并在日落前达到活动高峰。

卵为椭圆形，初期乳白色，后变为橙黄色。幼虫体长 8~10 毫米，初时黄白色，老熟时变为红色。幼虫在豆荚内蛀食豆粒，造成严重的经济损失。

蛹体长约 6 毫米，黄褐色。老熟幼虫在土中结茧越冬，翌年再出土化蛹，完成其生命周期。

大豆食心虫在我国各地均一年发生一代，其生命周期紧密地与季节和气候变化相联系。以老熟幼虫在土壤中结茧的形式越冬。在东北地区夏季，土壤温度逐渐上升，这些越冬的幼虫开始活跃。到了 7 月底至 8 月初，化蛹达到盛期，大量的幼虫完成向蛹的转变。随后，在 8 月中旬，成虫开始大量出现，飞舞在豆田之中。这是大豆食心虫成虫盛发期，也是防治的关键时期。紧接着的 8 月中旬后半旬至 8 月下旬前半旬，是成虫产卵的盛期。到了 8 月下旬，卵开始孵化，幼虫孵化后迅速钻入豆荚内，开始它们对豆粒的蛀食。幼虫在豆荚内沿着豆瓣缝蛀食豆粒，形成沟状，这个过程会持续 20~30 天，直到幼虫老熟并脱离豆荚。在 9 月中、下旬至 10 月上旬，是幼虫脱荚的盛期，大量的幼虫离开豆荚，钻入土壤中准备结茧越冬。它们通常在下午 3—4 时开始活动，飞舞在豆株顶部的 0.3~0.6 米高处。

2. 防治措施

防治方法有：①由于大豆食心虫食性单一且飞翔力较弱，可采取远距离轮作法进行防治；②在卵高峰后 3~5 天，喷洒广谱性杀虫剂可以对大豆食心虫进行有效的控制。这是因为此时大豆食心虫处于卵期或初孵幼虫期，对药剂的抵抗力较弱，喷洒药剂能够迅速杀死害虫，减轻其对大豆的危害。

二、银纹夜蛾及防治措施

1. 为害症状

大豆夜蛾，作为鳞翅目夜蛾科的一员，广泛分布于我国各大豆产区，尤其在黄河、淮河、长江流域的危害尤为严重。这种害虫主要以大豆等豆科植物及十字花科蔬菜为食。

大豆夜蛾成虫是一种具有显著特征的昆虫，其体长和翅展尺寸使得它在昆虫界中相对容易被识别。成虫的头部和胸部颜色为灰褐色，这种颜色为其提供了在自然环境中一定的隐蔽性。然而，其前翅的深褐色以及上面明显的马蹄形银边褐色斑纹和近三角形银白色斑纹，使得大豆夜蛾成虫在同类昆虫中显得尤为独特。这些斑纹虽然彼此靠近，但并不相连，这种特点也是识别大豆夜蛾成虫的一个重要标志。

在成虫的身体结构中，基线、内横线及外横线均为双线，这些线条之间呈现出金色，为其增添了一抹华丽的色彩。亚缘线则是锯齿形，这种形状使得前翅的边缘更为复杂，进一步增加了其识别度。而成虫的腹部颜色与头部和胸部相同，均为灰褐色，整体色彩协调一致。

大豆夜蛾的卵是半球形的，大小适中，为 0.4~0.5 毫米。初产时，卵的颜色为乳白色，这种颜色与许多昆虫的卵相似，可能有助于在自然环境中混淆天敌的视线。然而，随着时间的推移，卵的颜色会逐渐变为乳黄色，并在卵壳上呈现出明显的放射状纵棱。这种颜色变化和明显的纵棱使得大豆夜蛾的卵在显微镜下或仔细观察时能够被轻易识别。

大豆夜蛾的发生代数因地区而异。在辽宁，一年发生 1~2 代；河北约为 3 代；而在山东、陕西、江苏等地，一年可发生 5 代。这些害虫以蛹的形式在大豆枯叶或其他寄主枯叶上越冬。成虫具有昼伏夜出的习性，且趋光性强，偏好在茂密的豆田中产卵。卵多散产在豆株中、上部的叶背上。幼虫则多隐藏在豆叶背面取食，将豆叶吃成缺刻或孔洞。老熟后，幼虫会在叶背结茧化蛹，其茧为白色，丝质且较薄。

2. 防治措施

农业防治：合理轮作，清除田间杂草，选用抗虫品种，以及加强田间管理，都有助于减少大豆夜蛾的发生。

生物防治：释放大豆夜蛾的天敌，如某些寄生蜂或捕食性昆虫，进行生物防治。

药剂防治：在幼虫孵化高峰期至 3 龄幼虫期，选用高效、低毒、低残留的杀虫剂进行喷雾防治。但需注意，药剂防治应与其他防治措施相结合，避免单一使用。

三、东方蝼蛄及防治措施

1. 为害症状

东方蝼蛄（Gryllotalpaorientalis Burmeister），直翅目，蝼蛄科。繁衍于我国各地。食性杂，可取食大田作物、蔬菜种子和幼苗及果树、树木的种苗等。

成虫体长较大，达到 30~35 毫米，前胸宽 6~8 毫米，体色为浅茶褐色并密生细毛，这些都是明显的特征。头部小且呈圆锥形，复眼红褐色，触角丝状，前胸背板卵圆形，中央的明显凹陷的长心脏形坑斑是一个显著的标志，有助于我们对其进行分类。前翅鳞片状，只盖住腹部的一半，而后翅折叠如尾状，大大超过腹部末端，这种结构特点使得它在飞行和生活中具有独特的优势。

在我国北方，东方蝼蛄需要 2 年才能完成一代的生长周期，这期间它会以各龄若虫或成虫的形式越冬。其活动主要集中在春季的 4—5 月和秋季的 8—10 月，这两个时期是东方蝼蛄的主要为害期。根据东方蝼蛄在土壤中的活动规律，其生活周期可以大致分为四个时期：越冬休眠期，这期间它处于休眠状态；苏醒为害期，随着气温的回升，东方蝼蛄开始苏醒并活动，对农作物造成危害；越夏繁殖为害期，这期间是东方蝼蛄的繁殖高峰期，其活动也更加频繁；最后是秋季暴食为害期，在秋季，东方蝼蛄的食量会显著增加，对农作物的危害也更为严重。

2. 防治措施

使用农药如40%甲基异柳磷乳油或50%辛硫磷乳油拌种，可以有效预防蝼蛄对种子的危害。土壤处理：使用药剂如5%辛硫磷颗粒剂在整地前均匀撒施于地面，然后翻耙，使药剂均匀分散于耕作层，既能触杀地下害虫，又能兼治其他潜伏在土中的害虫。

四、华北蝼蛄

1. 为害症状

华北蝼蛄，Gryllotalpa unispina Saussure，作为一种直翅目蝼蛄科的昆虫，其分布范围广泛，主要繁衍于我国东北、西北、华北以及华东的部分地区。这种昆虫的食性相当杂，能够取食大田作物、蔬菜种子和幼苗，以及果树、树木的种苗等。

华北蝼蛄的卵长1.6~2.8毫米，宽0.9~1.7毫米，呈椭圆形，颜色从黄褐色到暗灰色不等。其若虫分为13龄，初孵时体色为乳白色至黄褐色，随着生长和蜕皮次数的增加，体色逐渐变深。

在我国北方，华北蝼蛄需要3年才能完成一代的生长周期。在这期间，8龄以上的若虫和成虫会在冻土层下越冬。其主要习性与东方蝼蛄相似。

2. 防治措施

农业防治：深耕多耙，破坏其生存环境。施用厩肥、堆肥等有机肥料要充分腐熟，以减少蝼蛄的产卵。华北蝼蛄不耐水淹，灌水会迫使成虫从土中浮出，便于捕杀。同时，寻找华北蝼蛄的虫窝，将卵和雌虫一并消灭。

物理防治：利用华北蝼蛄的趋光性，在其羽化期间，设置黑光灯诱杀成虫。此外，马粪也可以用来诱杀蝼蛄，即在田间挖坑，内堆湿润马粪并覆盖草料，每天清晨捕杀聚集的蝼蛄。

化学防治：利用毒饵诱杀，如炒香的豆饼或麦麸与杀虫剂混合制成毒饵，撒在田间诱杀蝼蛄。当幼虫期间，可以使用10%吡虫啉可湿性粉剂进行毒杀。在成虫盛发期，喷洒25%西维因（甲萘威）粉来消灭成虫。药剂处理土壤也是一种有效的方法，如沟施5%辛硫磷颗粒剂或使用地亚农、倍硫磷等，均匀撒施地面并翻入土中。

五、砂潜

1. 为害症状

砂潜（Opatrum subaratum Faldermann）是一种属于鞘翅目拟步甲科的昆虫，其繁衍范围主要覆盖我国东北、华北、西北以及安徽地区。这种昆虫对禾谷类粮食作物、棉花、花生、大豆等多种作物都构成危害。

成虫体长为 6.4~8.7 毫米，体形呈椭圆形且较扁，颜色为黑褐色。由于通常体背覆盖有泥土，因此看起来呈土灰色。砂潜的卵长为 1.2~1.5 毫米，形状为椭圆形，颜色为乳白色。老熟幼虫的体长则为 15~18 毫米，颜色为深灰黄色，背面为浓灰褐色。幼虫的前足相对发达，比中、后足更为粗大。在腹末节处，幼虫的身体较小，形状为纺锤形，背片基部稍突起形成一个横沟，上面有一对褐色的钩形纹；末端中央有一个乳头状隆起的褐色部分；两侧缘及顶端各有 4 根刺毛，共计 12 根。离蛹的颜色为黄褐色，体长 6.8~8.7 毫米，腹末端具有 2 个刺状的尾角。

这种昆虫一年发生 1 代，主要以成虫形态越冬。早春 3 月时，成虫即开始活动，它们主要采取爬行的方式移动，而不是飞行，并且具有假死的习性。成虫的寿命相当长，有的甚至可以达到 3 年之久。值得注意的是，这种昆虫还具有孤雌生殖的能力。成虫和幼虫都会在作物的苗期造成危害，成虫主要取食植物的地上部分，而幼虫则主要危害地下部分。

2. 防治措施

（1）根据当地砂潜的发生规律和作物的生长周期，合理安排播种或定植时间，确保作物在砂潜活动较少或休眠的时段内生长。

（2）使用 25% 爱卡士（喹硫磷）乳油 1 000 倍液对作物进行喷洒或灌根处理，使药剂直接接触到害虫，达到防治效果。

（3）播种前或移植前，将 3% 米乐尔颗粒剂与细干土混合均匀，撒在地表或栽植沟、定植穴内。撒施后，进行深耙或浅覆土，使药剂与土壤充分混合，并确保药剂不会直接接触到作物的根系。

六、棉铃虫

1. 为害症状

棉铃虫是鳞翅目夜蛾科棉铃虫属昆虫，又称钻桃虫、钻心虫等，是广泛分布于世界各地的多食性害虫。它主要危害棉花，但也能对小麦、玉米、马铃薯、番茄、辣椒、向日葵、大豆、苜蓿等多种作物造成损害。棉铃虫幼虫体色变化大，一般呈黑褐色或淡绿色，体表布满小刺，并会蛀食蕾、花、铃，造成严重的经济损失。

成虫具有夜出性，白天多栖息在植株丛间叶背、花冠等阴暗处，傍晚开始活动。成虫产卵多在棉株上部，具有强烈的趋嫩性。棉铃虫幼虫的孵化与成长都在植株上进行，初孵幼虫当天栖息在叶背不食不动，第 2 天转移到生长点，3 天后开始蛀食花朵、嫩枝、嫩蕾、果实。幼虫有转株危害的习性，转移时间多在夜间和清晨。

2. 防治措施

农业防治，包括清洁田园，秋耕冬灌，压低越冬蛹基数，及时深翻晒地，大量冻死越冬蛹，有效压低来年虫源基数。同时，合理调整作物布局和品种搭配，可减少棉铃虫的危害。

其次，生物防治也是一种环保且有效的防治方法。利用天敌昆虫，如赤眼蜂、姬蜂、寄蝇等寄生性天敌和草蛉、黄蜂、猎蝽等捕食性天敌进行防治。此外，还可以使用一些生物农药，如白僵菌可湿性粉剂、苏云金芽孢杆菌悬浮剂等，对棉铃虫有较好的防治效果。

物理防治则包括利用棉铃虫的趋光性，使用黑光灯、性诱激素等诱杀成虫。同时，在棉铃虫卵盛期和幼虫期，进行人工摘除卵块和捕杀幼虫，也可以有效减少虫口密度。

最后，在必要时可以采取化学防治。使用合适的化学药剂，如阿维菌素、吡虫啉等，对棉铃虫进行喷雾防治。但需要注意用药时机、剂量和安全间隔期，避免对环境和作物造成不必要的伤害。

七、蚜虫

1. 为害症状

蚜虫属于刺吸口类害虫，它主要寄生在作物的叶片、嫩茎、嫩梢、花梗等处，通过刺吸作物叶、花、蕾、梢的汁液而发生危害。此外，蚜虫还能诱发作物发生诸如烟煤病、病毒病等其他多种病害，严重时会导致作物衰弱枯萎甚至死棵，大幅降低农作物的产量和品质，荚减少，从而影响大豆产量。

2. 越冬场所

大豆蚜虫是一种主要危害大豆的害虫，它分为有翅胎生雌蚜和无翅胎生雌蚜两种类型。有翅蚜能迁飞，这使得其危害范围得以扩大。大豆蚜虫以成虫和若虫在豆株的顶叶、嫩叶和嫩茎上刺吸汁液，导致被害处叶绿素消失，形成鲜黄色的不规则形黄斑。受害严重时，植株会表现出茎叶卷缩、发黄、矮小，分枝和结荚减少等症状，严重影响大豆的产量和品质。

大豆蚜虫在一年中会经历多个生活阶段和迁飞过程。一般来说，大豆蚜虫以卵在鼠李的芽腋或枝条缝隙里越冬，并在次年春季孵化。随着大豆的生长，蚜虫会进行多次迁飞，从越冬寄主迁移到大豆田，并在大豆田内继续繁殖。其中，6月底至7月初是大豆蚜虫的危害盛期，尤其是在高温、干旱的条件下，蚜虫的数量会大量增加，危害也会加重。

3. 幼虫及成虫形态

大豆蚜虫的体长卵形，呈现出黄色或黄绿色的色泽，体长在1~1.5毫米，而触角则有6节，长度大约与身体相等，颜色为灰黑色。特别值得注意的是，触角的第3节上有6~7个次生感觉孔，这些孔排列成一行。腹管为圆筒形，颜色为黑色，基部比端部粗2倍，上面还分布着瓦片状的轮纹。尾片为黑色，形状为圆锥形，中部略微溢出，并生有2~4对长毛。

而无翅胎生雌蚜的体长则为椭圆形，同样呈现出黄色或黄绿色的色泽，体长在1~1.3毫米。与有翅型相比，无翅型的触角相对较短，并且没有次生感觉孔。

4. 防治措施

（1）选用抗蚜品种的大豆种子进行种植，是防治蚜虫的有效手段。此外，合理轮作、间作，避免大豆连作，也能减轻蚜虫的危害。

（2）天敌昆虫是控制大豆蚜虫数量的重要手段。例如，瓢虫、草蛉、食蚜蝇、食蚜瘿蚊、小花蝽、蚜茧蜂等都是大豆蚜虫的天敌。通过保护和利用这些天敌昆虫，可以有效地控制大豆蚜虫的数量。

（3）使用生物农药，如微生物农药、植物源农药等，对大豆蚜虫进行防治。这些农药具有选择性强、对人畜安全、不污染环境等优点。

（4）利用黄板诱杀有翅蚜虫，或者通过高温蒸汽、超声波等方法进行防治。同时，也可以利用人工摘除被害叶片或枝条，集中销毁，减少虫源。

八、卷叶螟

1. 为害症状

卷叶螟对作物的为害症状主要表现在叶片上。以幼虫为主，它们会啃食叶片，造成叶片的缺刻或孔洞，严重时甚至仅残留叶脉，严重影响叶片的正常功能。更为严重的是，幼虫还会卷叶或缀叶，将叶片卷起或粘在一起，躲在其中继续啃食，造成膜状叶、残缺不全叶。这种卷叶行为不仅破坏了叶片的营养功能，导致植株无法正常生长，还可能进一步蛀入花蕾和嫩荚，引起落花落荚，对作物的产量和品质造成严重影响。

大豆卷叶螟的幼虫主要啃食大豆叶片，严重时会将叶片卷皱，破坏大豆叶片的营养功能，影响植株的正常生长。

2. 幼虫及成虫形态

卷叶螟的幼虫和成虫在形态上有明显的差异。幼虫期一般经历 5~7 龄，多数为 5 龄。末龄幼虫体长为 14~19 毫米，头部为褐色，体色从黄绿色逐渐变为绿色，到成熟时变为橘红色。在中、后胸背面具有 8 个黑色小圈，前排有 6 个，后排有 2 个。而成虫的形态为，体长约为 10 毫米，翅展为 18~21 毫米。

3. 越冬场所

卷叶螟的越冬场所主要取决于其生活习性以及所在地区的气候条件。一般来说，卷叶螟会在再生稻、稻桩以及湿润地段的禾本科杂草如李氏禾、双穗雀麦等处越冬。这些地方为卷叶螟提供了良好的隐蔽和生存条件。

在冬季休眠区，如北纬 30° 以南至大陆南海岸线之间的地区，卷叶螟主要以幼虫或蛹的形态越冬。这些地区的气温相对较高,有利于卷叶螟的存活。而在冬季死亡区,如北纬30°以北的地区,由于气温过低,卷叶螟无法安全越冬。

4. 防治措施

(1)选择抗病虫性强的作物品种,合理施肥,使作物健康生长,提高抵抗力。在水稻种植中,要适当晒田,降低幼虫孵化时田间的湿度,或在化蛹高峰期灌深水来消灭虫蛹。

(2)利用天敌昆虫进行防治,如释放赤眼蜂、寄生蜂、捕食性昆虫等,这些天敌可以有效控制卷叶螟的数量。

(3)利用成虫的趋光性,使用黑光灯进行诱杀。另外,也可以早期识别并人工摘除受害叶片,减少虫源。

(4)在幼虫为害期,使用对卷叶螟有较好效果的杀虫剂进行喷洒。常用的药剂包括氰氟虫腙、阿维菌素、甲维盐、虱螨脲等。但需要注意,化学防治应与其他防治方法相结合,同时避免对环境造成污染。

九、红蜘蛛

1. 为害症状

棉红蜘蛛,也被称为棉叶螨,是一种广泛分布于中国各地的杂食性害虫,尤其在黄淮、长江流域的大豆产区受害情况较为严重。它不仅危害大豆,还对其他豆类、棉花、瓜类、禾谷类、甘薯、芝麻等多种作物造成损害。棉红蜘蛛的成螨和若螨均能对作物造成危害。

2. 幼虫及成虫形态

成虫体型微小,雌虫体长约0.46毫米,雄虫约0.26毫米。体色多变,多为橙色或铁锈色,体侧有条形和纵形色斑,延伸至腹部末端。雌虫形状椭圆,雄虫背面近似三角形。腹部末端尖细,具四对足。卵初为无色透明,后变为橙红色,直径约0.13毫米。幼虫孵化后有三对足,眼红色,体透明,取食后稍呈绿色。脱皮后进入若虫期,体色加深,色斑渐显。

3. 越冬场所

在黄河以北地区一年能发生10余代,而在长江流域的大豆产区,一年甚至可以发生 20 代以上，其越冬习性也相当独特，在东北、华北地区，秋末交配过的雌虫会选择在枯叶、杂草根际或土块缝内越冬，并在越冬期间保持静止。到春季，会先在杂草上活动，待大豆出苗后，就会逐渐转移到大豆苗上进行危害。7 月中下旬是它们危害大豆的盛期，但到了 8 月上旬以后，危害程度会逐渐减轻。

当春季平均温度达到 7~13℃时，雌虫开始产卵。而在秋季，当平均温度降至 5℃时，雄虫和若虫会死亡，但越冬的雌虫却能够耐受低温。此外，湿度也是影响这种昆虫活动的重要因素。它们最适宜的温度在 29~30℃，而最适宜的相对湿度则在 35%~55%，它们的活动和繁殖能力可能会达到峰值。

值得注意的是，5—7 月干旱少雨的年份，这种昆虫的发生情况会更为严重。这可能是因为干旱条件更有利于它们的生存和繁殖，或者是因为在这种环境下，大豆等作物的抵抗力降低，使得它们更容易受到这种昆虫的危害。

4. 防治措施

（1）农业防治，通过铲除田边杂草、清除残株败叶，可以显著减少早春时害虫的食物来源和栖息地，从而有效降低虫口密度。

（2）在红蜘蛛发生初期，及时使用化学药剂进行防治。常用的药剂有 10%苯丁哒螨灵乳油、73%克螨特（炔螨特）乳油、25%灭螨锰可湿性粉剂等。注意按照使用说明进行稀释和喷洒，避免对植物和环境造成不必要的损害。

第九章 春大豆的高产栽培技术

第一节 品种选择与种子处理

春大豆作为我国重要的粮食作物之一，其产量和品质直接关系到农民的经济收益和市场的供应需求。在春大豆的栽培过程中，品种选择与种子处理是两个至关重要的环节，它们直接关系到大豆的生长势、抗病性、产量以及品质。因此，深入探讨春大豆的品种选择与种子处理的科学方法，对于提高大豆的栽培效果具有重要意义。

一、春大豆品种选择的原则与策略

春大豆品种选择的首要原则是适应性。由于不同地区的气候、土壤等条件存在差异，因此选择适应当地生态环境的品种是确保大豆正常生长和高产的基础。同时，还要考虑品种的抗病性、抗虫性、耐旱性等特性，以应对可能出现的自然灾害和病虫害威胁。在选择品种时，还需关注其产量和品质。高产优质的品种不仅能够提高农民的经济收益，还能满足市场对于大豆品质的需求。此外，随着农业科技的发展，一些具有特殊功能的品种，如高蛋白、高油分等，也逐渐受到市场的青睐。在品种选择策略上，建议农民结合当地的实际情况，选择经过审定、适应当地生态条件且表现稳定的品种。同时，可以通过试验示范、品种比较等方式，筛选出最适合当地栽培的优质品种。

二、春大豆种子处理的方法与技术

种子处理是春大豆栽培中不可忽视的一环。通过科学的种子处理，可以提高种子的发芽率、增强抗病性、促进幼苗健壮生长。常见的种子处理方法包括精选、晾晒、药剂拌种等。精选是种子处理的第一步，目的是去除杂质、破损和病虫害的种子，保留饱满、健康的种子。这可以通过机械筛选或人工挑选来实现。精选后的种子发芽率高、生长势强，有利于提高大豆的整体产量。晾晒也是种子处理的重要步骤。适当的晾晒可以杀死种子表面的病菌和虫卵，减少病虫害的发生。同时，晾晒还能使种子内部的水分达到平衡状态，提高种子的发芽率。在晾晒过程中，要注意控制时间和温度，避免种子过度干燥或受损。药剂拌种是一种常用的种子处理方法，它通过在种子表面附着一定量的药剂，起到预防病虫害的作用。在选择药剂时，要注意选择对大豆安全、无残留的药剂，并按照说明书的要求进行拌种操作。药剂拌种可以有效地减少大豆生长过程中的病虫害发生，提高大豆的产量和品质。除了上述传统的种子处理方法外，近年来还出现了一些新的种子处理技术，如种子包衣、磁化处理等。这些新技术能够更加有效地提高种子的发芽率和生长势，为春大豆的高产栽培提供有力支持。

三、春大豆品种选择与种子处理的实践应用

在实际生产中，农民可以根据当地的生态环境和市场需求，结合上述的品种选择与种子处理的方法和技术，制定出适合自己的栽培方案。例如，在品种选择上，可以根据当地的土壤类型、降水量等因素，选择耐旱或耐涝的品种；在种子处理上，可以根据当地的病虫害发生情况，选择适当的药剂进行拌种。同时，农业技术推广部门也应加强对农民的技术指导和培训，帮助他们掌握科学的品种选择与种子处理方法，提高春大豆的栽培水平。此外，还可以通过试验示范、品种展示等方式，向农民展示优质品种和先进技术的优势，激发他们的积极性和创造性。

四、春大豆品种选择与种子处理的发展趋势

随着农业科技的不断进步和市场需求的变化，春大豆品种选择与种子处理也将呈现出新的发展趋势。一方面，随着生物育种技术的发展，将培育出更多具有优良性状和特殊功能的品种，为春大豆的高产栽培提供更多选择；另一方面，随着智能化、精准化农业技术的推广应用，种子处理将更加智能化、精准化，提高处理效果和效率。

综上所述，春大豆品种选择与种子处理是确保大豆高产优质的关键环节。通过科学的品种选择和种子处理，可以提高大豆的发芽率、生长势和抗病性，为春大豆的高产栽培奠定坚实基础。因此，农民和技术人员应加强对这一领域的研究和实践应用，推动春大豆栽培技术的不断创新和发展。

第二节　播种时间与方式

春大豆作为我国重要的粮食作物，其播种时间与方式对于大豆的生长和产量具有至关重要的影响。选择适宜的播种时间和科学的播种方式，能够确保大豆在生长过程中充分利用环境资源，减少不利因素的影响，从而实现高产高效的目标。

一、播种时间的选择

播种时间是春大豆栽培中的关键环节。适宜的播种时间应根据当地的气候条件、土壤状况以及大豆品种的生长特性来确定。一般来说，春大豆的播种时间主要集中在春季，但具体的播种时间因地区而异。在北方地区，由于春季气温回升较慢，土壤解冻较晚，因此播种时间一般较晚，多在4月下旬至5月中旬之间进行。此时土壤温度逐渐升高，有利于大豆种子的萌发和生长。而在南方地区，由于春季气温回升较快，土壤条件较好，因此播种时间可以提前到3月底至4月初。在确定播种时间时，还需考虑大豆品种的生长周期和当地的气

候特点。对于生长周期较长的品种，应适当提前播种时间，以确保大豆在生长过程中有充足的时间积累养分和生长量。而对于生长周期较短的品种，可以适当推迟播种时间，以避开高温干旱等不利天气条件。

此外，还要注意避开连阴雨或干旱等不利天气条件进行播种。在连阴雨天气下，土壤湿度过大，不利于大豆种子的萌发和生长；而在干旱天气下，土壤水分不足，会影响大豆的正常生长。因此，在播种前应及时关注天气预报，选择适宜的天气条件进行播种。

二、播种方式的选择

播种方式对于春大豆的生长和产量同样具有重要影响。选择合适的播种方式，能够提高大豆的出苗率、均匀度和生长势，为高产高效栽培奠定基础。目前，春大豆的播种方式主要有机械播种和人工播种两种。机械播种具有效率高、播种均匀、节省人力等优点，适用于大规模种植和现代农业生产。机械播种时，应根据土壤条件和播种量选择合适的播种机，确保播种深度和间距均匀一致。同时，还需注意机械操作的规范性和安全性，避免对大豆种子和土壤造成损伤。人工播种虽然效率较低，但可以根据实际情况灵活调整播种深度和间距，适用于小面积种植或特殊地形条件下的种植。人工播种时，应确保种子间距均匀、播种深度适宜，并注意种子的覆盖和镇压工作，以提高出苗率和生长势。在选择播种方式时，还需考虑大豆品种的特点和当地的生产条件。对于生长势强、抗逆性好的品种，可以选择机械播种以提高效率；而对于生长势较弱或需要特殊管理的品种，则可以选择人工播种以更好地控制播种质量。

三、播种量与密度的控制

播种量和密度是影响春大豆产量的重要因素。合理的播种量和密度能够使大豆植株分布均匀，充分利用光能、水分和养分资源，提高单位面积产量。播种量的确定应根据大豆品种的千粒重、发芽率、土壤肥力以及播种方式等因素综合考虑。一般来说，土壤肥力高、播种密度大的地块，播种量应适当减少；反之，土壤肥力低、播种密度小的地块，播种量应适当增加。同时，还要注意选择饱满、健康的种子进行播种，以提高出苗率和生长势。

密度的控制则应根据大豆品种的生长特性、土壤条件和气候条件等因素来确定。密度过大或过小都会影响大豆的生长和产量。密度过大时，植株间竞争激烈，养分和光能利用不充分，容易导致生长不良和产量下降；密度过小时，虽然单株生长较好，但单位面积产量也会受到影响。因此，在确定播种密度时，应综合考虑各种因素，选择适宜的密度进行播种。

四、播种前的准备工作

在播种前，还需做好一系列准备工作，以确保播种的顺利进行和大豆的正常生长。这包括土壤处理、种子处理、施肥等工作。土壤处理主要是进行深耕细作、疏松土壤、清除杂草和石块等工作，以改善土壤结构和提高土壤肥力。种子处理则包括精选种子、晾晒、药剂拌种等措施，以提高种子的发芽率和抗病性。施肥则应根据土壤肥力和大豆生长需求进行合理搭配和施用，为大豆的生长提供充足的养分支持。

综上所述，春大豆的播种时间与方式是确保大豆高产高效栽培的重要环节。在选择播种时间和方式时，应充分考虑当地的气候条件、土壤状况以及大豆品种的生长特性等因素，确保大豆在生长过程中能够充分利用环境资源，实现高产高效的目标。同时，还需做好播种前的准备工作，为大豆的正常生长奠定坚实基础。

第三节　土壤管理与施肥

春大豆作为重要的农作物，其生长和产量受到土壤和施肥管理的深刻影响。适当的土壤管理和施肥措施，不仅可以为大豆生长提供良好的环境，还可以提高大豆的抗逆性和产量。以下将详细探讨春大豆栽培的土壤管理与施肥技术。

一、土壤管理

土壤是春大豆生长的基础，土壤管理的目的是为大豆创造一个适宜的生长环境。首先，要选择适宜的土壤，春大豆对土壤的要求较高，一般选择土层深厚、排水良好、有机质含量丰富的中性或微酸性土壤。其次，要进行土壤耕作，通过深耕、细碎、平整等措施，改善土壤结构，提高土壤通气性和保水性。深耕可以打破犁底层，增加土壤深度；细碎和平整可以使土壤与种子充分接触，有利于根系生长和养分吸收。

在土壤管理中，还应注意轮作与休闲。轮作可以避免连作障碍，减轻病虫害的发生；休闲则可以使土壤得到充分的休息和恢复。同时，根据土壤肥力和大豆生长需求，可以合理调整土壤酸碱度，保持土壤 pH 值在适宜范围内。

二、施肥技术

施肥是春大豆栽培中的关键环节，合理的施肥可以满足大豆生长所需的养分，提高产量和品质。首先，要确定施肥量，根据土壤肥力、大豆品种和产量目标等因素，制定合理的施肥方案。一般来说，春大豆的施肥以有机肥为主，化肥为辅，注重底肥和追肥的配合。在施肥过程中，要遵循"底肥足、追肥巧"的原则。底肥主要在播种前施用，以农家有机肥为主，配合适量的化肥，为大豆生长提供充足的养分。追肥则根据大豆生长阶段和养分需求进行，一般在苗期和开花期进行，以氮肥和磷肥为主，促进大豆的生长发育。

此外，施肥方法也至关重要。底肥可以通过翻地和耕地将肥料翻入耕作层中，与土壤充分混合；追肥则可以通过开沟、穴施等方式，将肥料施入土壤深处，避免肥料流失和挥发。同时，要注意施肥深度和与种子的距离，避免烧种和烧苗现象的发生。

三、土壤管理与施肥的协同作用

土壤管理与施肥是相辅相成的，二者的协同作用可以显著提高春大豆的产量和品质。通过合理的土壤耕作和轮作制度，可以改善土壤结构，提高土壤肥力；而通过科学的施肥措施，可以满足大豆生长所需的养分，促进大豆的生长发育。因此，在春大豆栽培过程中，应注重土壤管理与施肥的有机结合，实现高产高效的目标。

四、注意事项与可持续发展

在土壤管理与施肥过程中，还应注意一些问题。首先，要避免过量施肥，以免造成土壤污染和肥料浪费；其次，要选择合适的肥料种类和施肥方式，避免对大豆生长造成不利影响；最后，要注重环保和可持续发展，采用绿色、环保的土壤管理和施肥技术，减少对环境的影响。

综上所述，春大豆栽培的土壤管理与施肥是一项复杂而重要的工作。通过科学的土壤管理和施肥措施，可以为大豆生长提供良好的环境，提高产量和品质。同时，也应注意环保和可持续发展的问题，实现农业生产的绿色、高效和可持续发展。

第四节　田间管理

春大豆栽培的田间管理是确保大豆生长健康、产量稳定的重要环节。田间管理涵盖了多个方面，包括移苗补缺、中耕培土、灌溉排水、病虫草害防治等，这些措施共同构成了春大豆田间管理的完整体系。首先，移苗补缺是田间管理的基础工作。在大豆齐苗后，应认真查苗，发现缺株及时用预备苗补栽。移栽时要确保埋土严密，土壤湿度不足时需浇水，以保证成活率。这一步骤的关键在于及时发现缺苗情况，并迅速采取补救措施，确保大豆田间苗株的均匀分布。其次，中耕培土是春大豆田间管理的重要环节。中耕不仅可以消灭杂草，疏松土壤，为根系和根瘤的生长创造适宜的土壤环境，还可以促进植株生长，防止倒伏。一般来说，中耕培土应进行2~3次，分别在苗期和开花前进行。在苗期，中耕深度不宜过深，以免伤根；在开花前，中耕培土要结合追肥进行，以提高土壤肥力。同时，中耕培土还要注意保护大豆的根系和根瘤，避免损伤。灌溉排水也是田间管理的重要方面。大豆是需水较多的作物，尤其在开花结荚期，需水量达到高峰。因此，要根据大豆的生长情况和当地的气候条件，合理安排灌溉。在雨水较多的季节，还要注意排水防涝，避免田间积水影响大豆生长。灌溉和排水的管理要灵活调整，既要满足大豆的水分需求，又要避免水分过多或过少对大豆生长造成不利影响。

此外，病虫草害的防治也是田间管理的重要内容。要采取综合防治措施，包括选用抗病品种、合理轮作、加强田间管理等，减少病虫草害的发生。对于已经发生的病虫草害，要及时采取化学防治或生物防治等措施进行治理，防止病情扩散和危害加重。在防治过程中，要注意使用安全、高效、环保的农药和防治方法，确保大豆的品质和安全。同时，在春大豆的田间管理中，还需关注大豆的生长情况，及时进行追肥。追肥应根据大豆的生长阶段和土壤肥力状况进行，确保大豆在关键生长期得到充足的养分供应。此外，对于生长较弱或受病虫害影响的大豆植株，应及时采取补救措施，如增施肥料、喷施农药等，以提高其生长势和抗病性。除了上述具体措施外，田间管理还应注重科学性和系统性。要根据大豆的生长特性和当地的生态环境条件，制定科学合理的田间管理方案。同时，要加强田间管理技术的培训和推广，提高农民的管理水平和技能水平。

总的来说，春大豆栽培的田间管理是一项复杂而细致的工作，需要农民和技术人员共同努力。通过加强田间管理，可以确保大豆生长健康、产量稳定，提高大豆的品质和市场竞争力。同时，也有助于推动农业生产的可持续发展和农民收入的增加。不过，需要指出的是，以上内容虽然涵盖了春大豆田间管理的主要方面，但实际操作中还需根据具体情况灵活调整。例如，不同地区的气候条件、土壤类型以及大豆品种特性都可能存在差异，这些因素都会影响田间管理的具体措施和效果。因此，在实际操作中，应结合当地实际情况，制定更为具体和实用的田间管理方案。此外，随着农业科技的不断进步和现代农业的发展，新的田间管理技术和方法也在不断涌现。例如，利用现代科技手段进行精准施肥、灌溉和病虫草害防治等，可以进一步提高田间管理的效率和效果。因此，农民和技术人员应关注最新的农业科技动态，积极学习和掌握新的田间管理技术和方法，以更好地促进春大豆的生长和产量提升。

综上所述，春大豆栽培的田间管理是一项复杂而重要的工作，需要综合考虑多个方面的因素。通过科学、系统地进行田间管理，可以确保大豆生长健康、产量稳定，为农业生产的发展作出贡献。

第五节　收获与储存

春大豆作为重要的农作物，经过一季的辛勤栽培，终于迎来了收获的时刻。收获与储存作为大豆生产的最后环节，其重要性不言而喻。正确的收获与储存方法，不仅能确保大豆的品质与产量，还能延长其保质期，提高经济效益。本节将从收获时机的选择、收获方法、储存前的处理以及储存方法等方面，详细探讨春大豆栽培的收获与储存技术。

一、收获时机的选择

春大豆的收获时机对其产量和品质具有重要影响。一般而言，大豆的收获应在植株叶片基本脱落、豆荚变黄、籽粒变硬时进行。此时，大豆的营养成分已经积累到最高值，品质最佳。过早或过晚收获，都会影响大豆的产量和品质。因此，农民应根据大豆的生长情况和当地的气候条件，选择适宜的收获时机。

二、收获方法

春大豆的收获方法主要有手工收割和机械收割两种。手工收割虽然费时费力，但可以对大豆进行精细挑选，确保收获的大豆品质。机械收割则具有效率高、节省人力的优点，适用于大规模种植。在选择收获方法时，应综合考虑种植规模、劳动力成本以及大豆品质等因素。在收获过程中，还需注意以下几点：一是避免损伤豆荚和籽粒，以免影响品质；二是及时清理田间杂草和残留物，保持田间整洁；三是收获后及时晾晒，防止霉变。

三、储存前的处理

在储存前，需要对大豆进行一系列处理，以提高其储存品质。首先，应进行清理，去除杂质、破损豆荚和病粒，确保储存的大豆干净、整齐。其次，进行干燥处理，将大豆晾晒至水分含量达到安全储存标准，防止霉变和虫害。此外，还可以根据需要进行分级处理，将不同品质的大豆分开储存，便于后续销售和使用。

四、储存方法

春大豆的储存方法多种多样，常见的有干燥贮藏法、通风干燥法、低温贮藏、密闭贮藏和化学贮藏法等。在选择储存方法时，应充分考虑大豆的品质、储存期限以及储存条件等因素。干燥贮藏法和通风干燥法是通过降低大豆的水分含量，达到防霉防虫的目的。这两种方法简单易行，成本较低，适用于一般家庭和小规模种植户。但需要注意的是，干燥过程中要避免过度暴晒，以免影响大豆品质。低温贮藏是通过降低储存环境的温度，延缓大豆的陈化速度，保持其品质。但这种方法成本较高，适用于对大豆品质要求较高的场合。密闭贮藏是通过减少空气流通，降低氧气含量，抑制霉菌和虫害的繁殖。但长时间密闭可能导致大豆品质下降，因此应定期检查并适当通风换气。化学贮藏法则是通过添加化学防腐剂来延长大豆的储存期限。但这种方法可能对人体健康造成潜在威胁，因此在使用时应谨慎，并遵循相关规定。无论采用何种储存方法，都应注意以下几点：一是保持储存环境的清洁卫生，防止霉菌和虫害滋生；二是定期检查大豆的品质和数量，及时处理变质或损失的大豆；三是遵循"先入先出"的原则，确保储存的大豆在保质期内得到合理利用。综上所述，春大豆的收获与储存是一项复杂而重要的工作。正确的收获时机、合适的收获方法、有效的储存前处理以及科学的储存方法，都是确保大豆品质与产量的关键。只有做好这些工作，才能让辛勤栽培的春大豆发挥出最大的经济效益和社会效益。

第十章 夏大豆的高产栽培技术

第一节 夏大豆的错误认知

和春播大豆一样，夏播大豆生产过程中也存在品种选用、肥水管理、生育调控、病虫杂草防治等一系列方面的认识误区。有人错误地认为，夏大豆生育期短，产量一定比春大豆低，因此放弃精细管理。其实，在夏大豆生产实践中，高产典型也随处可见，也有一些突破了每公顷 4 500 千克的高产纪录，实现了高产高效。夏大豆各个生育阶段所处的外界环境条件与春大豆的截然不同，因此形成了夏大豆特殊的生育特点，在进行高产优质栽培时应采取相应的措施。如夏大豆开花早，营养生长和生殖生长并进期提前，个体尚未充分生长发育时即已开花；夏大豆不论在株高、茎粗、主茎节数和分枝数上均少于春大豆；营养体不繁茂，单株生长量小等。因此，夏大豆要获得较高的产量，应当适当增加种植密度，增大群体，靠群体增产。夏大豆单株生物产量低，但经济系数较高。在夏大豆的产量构成因素中，单株荚数少，籽粒少，百粒重较低，唯有单位面积株数比较多。因夏大豆的经济系数较高，在栽培上应当通过增加生物产量，来获得较高的籽粒产量。

第二节 夏大豆品种和播前整地

不同地区的气候条件、土壤类型和生态环境对大豆的生长有显著影响。例如，黄淮海地区的夏大豆品种选择应根据南部中晚熟、中部熟期适中、北部早熟的原则进行。四川省育成的南夏豆 30 适宜在四川平坝、丘陵及类似生态地区种植，而辽宁省推荐的品种如辽豆 32、铁豆 78、东豆 641 等，适合于该省的夏播条件。选择高产、高蛋白、耐病虫害的品种是提高夏大豆产量和品质的关键。圣豆 5 号在 2018 年创造了全国夏季大豆亩产 320.5 千克的高产纪录，而淮豆 19 在江苏省淮南地区的试验中表现出较高的产量和增产潜力。

根据播种季节和地区气候条件选择适宜的生育期品种。黄淮海地区夏大豆的生育期在 90~110 天，而东北地区则以春播为主，生育期较长。因此，选择与当地气候条件相匹配的生育期品种至关重要。考虑到病虫害的发生和土壤条件的影响，选择具有抗病虫害能力和耐逆性（如耐旱、耐盐碱）的品种是保证夏大豆稳定生产的必要条件。例如，东生 118 被筛选出为早熟、高产、耐盐碱性好的大豆品种。

为了防治大豆根腐病，可以使用 50% 多菌灵拌种，用药量为种子重的 0.3%，或使用多福合剂（多菌灵与福美双为 1:1）拌种，也可以使用灭枯灵乳油进行种子消毒，对于墒情不好的地块，有灌溉条件的，可在播前 1~2 天灌水 1 次，浸湿土壤即可，以利播后种子发芽，选择中小粒大豆品种，以保障大豆出苗质量和稳产高产。播前做好种子精选和发芽试验，根据田间地力、品种特性、种植密度等确定下种量。

第三节 夏大豆的播种时间

夏大豆的播种期主要集中在 6 月，具体时间根据地区和品种的不同有所差异。在黄淮海区域，夏大豆的种植时间通常是在夏至前后 3 天，即 6 月中旬到 6 月底为宜。对于早中熟品种，一般建议在 6 月 10—20 日播种，而中熟及中熟偏晚的品种则适宜在 6 月 5—15 日播种。此外，有资料提到夏大豆最早播种时间为 6 月上旬，而最晚播种时间则不应超过 6 月底。因此，综合考虑各地气候条件和大豆品种特性，夏大豆的最佳播种期大致为 6 月 5—20 日之间，具体时间应根据当地实际情况和所选大豆品种的要求进行调整。

第四节　夏大豆的种植密度

夏大豆开花早，在营养生长尚不充分的情况下，就转化为生殖生长。生殖生长会部分地抑制营养生长。因此，夏大豆单株没有春大豆那样繁茂。只有通过充分发挥群体的增产作用，让群体最大限度地利用太阳光能，才能获得较高的大豆产量。夏大豆种植密度一般大于春大豆。在黄淮海地区，种植密度以每公顷 18 万~30 万株为宜，行株距配置以宽窄行配置为主，一般宽行 40 厘米，窄行 20 厘米，株距 10~15 厘米。在薄地上种植分枝少的品种，在播种较晚时，种植密度更应加大些。肥地，分枝多的品种，及时早播的种植密度可适当小些。辽宁省由于是在春小麦收获后种植夏大豆，可利用的生长期短。因此，种植密度应适当加大，一般每公顷为 37.5 万~52.5 万株。尖叶、植株矮小的品种，以每公顷 45 万~52.5 万株为宜；圆叶、叶片较大且植株高大的品种，以每公顷 37.5 万~45 万株为好。种植时，应实行窄行密植，行距一般 35~45 厘米为宜。

第五节　夏大豆的田间管理和收获

夏大豆一般都是早熟品种，植株矮小，生育期短。要在有限的时间内累积较高的生物产量和籽粒产量，大田管理理应以促为主，各项管理措施要力争及早施行。

1. 选用早熟良种

一般来说，黄淮海夏大豆产区北部应选用生育期 90 余天的早熟品种，中部地区宜选用生育期 100~105 天的中熟品种，南部地区应选用生育期 105 天左右的中晚熟品种。在华北，由于小麦收获后整地时间仓促，造成底墒不足，因此，适宜夏播的大豆品种要求能够耐旱出苗。如籽粒较小的品种发芽吸水少，容易出苗。河北的唐山等地区可以到辽宁引种。夏大豆不要求成熟过早，以能充分利用生长季为原则。辽宁省夏播大豆如果选种不当，往往会出现超霜成熟现象，即早霜来时，大豆尚未落叶，霜打过后，叶片变黄，豆荚开始由绿色转为正常色，霜后仍能正常成熟，籽粒逐渐归圆，籽粒含水量可较快降到正常收获的含水量。只要初霜不使大豆完全致死，初霜后回暖时段的积温和光照仍可被大豆利用。因此，夏大豆不要急于收获。

2. 做好早播准备

夏播大豆时，没有充分的时间进行整地施肥，因此，在小麦收获前要有计划地多施一些肥料，做到一次施肥两季用。在小麦收获前要多灌一些"送老水"，为大豆保苗创造良好条件。夏大豆一般采用灭茬浅耕播种，墒情好的时候也可留茬播种，即在麦茬行间播种大豆。辽宁省夏播大豆以留茬播种为宜。

3. 早播时进行早管理

根据地区气候条件和土壤情况，选择适宜的播种时间。例如，黑龙江北兴农场采用大豆三五早播技术，将播种期较往年提前约10天；包括土地整理、施肥等。承德市农业农村局建议播前整地，并结合整地施用农家肥和磷酸二铵等，此外，播种量、深度和初期生育的管理也是重要的准备工作之一，采用精量匀播的方式，确保种子均匀分布，有利于提高出苗率和植株生长均匀性，包括查苗补苗、病虫害防治、适时灌溉等。大豆苗期管理是关键，需要根据大豆不同生育期对环境的不同要求采取相应的管理措施，早播大豆要注意病害虫的发生动向，避免极端早期播种带来的风险，根据天气变化和土壤条件，适时调整管理措施。如遇到不利天气影响，应加强技术指导，积极应对。

4. 早播时早追肥

大豆早播的早追肥，主要是为了促进根、叶生长，以及根瘤的形成和发育。早追肥的时间一般在大豆幼苗期，即第一片复叶展开时进行。在追肥的种类上，可以使用尿素作为主要的氮源肥料，每亩追施4~6千克。此外，适量的磷肥也有利于促进大豆根瘤的形成和发育，过磷酸钙的施用量为每亩8~10千克。对于钾肥，建议在大豆幼苗至初花期追施7.5~10千克的硫酸钾或等量的其他速效钾肥。除了化学肥料外，有机肥料也是推荐的一种追肥方式。例如，绿色食品大豆不追化肥而追有机肥，亩施优质农肥500千克。这表明，在进行早追肥时，可以根据具体情况选择适合的肥料类型，以达到最佳的施肥效果。

5. 大豆病虫害防治

为了保障大豆的高品质，病虫草害的防治工作至关重要。在防治策略上，我们应优先采用农业防治、生物防治和物理防治方法，而将化学防治作为辅助手段。在必须使用化学农药时，应选择高效、低毒且残留低的农药品种。

夏季大豆的苗期是立枯病和根腐病等病害的高发期。为了预防这些病害，我们可以在播种前对种子进行处理。具体来说，我们可以使用50%多菌灵500克或50%福美双400克，与2千克水混合搅拌均匀后，拌入100千克种子中，待种子晾干后便可进行播种。

此外，当大豆幼苗长出真叶时，我们还可以选择使用50%托布津（硫菌灵）或65%代森锌进行茎叶喷雾防治。具体操作为每公顷选用1 500克的托布津或代森锌，并与750千克水混合后进行喷雾。到了大豆的盛花期，为了有效控制霜霉病和炭疽病的发生，我们还需要再次使用托布津进行防治。

夏大豆在生长到盛花至结荚鼓粒阶段时，常常面临多种虫害的威胁，包括桑尺蠖、大豆卷叶螟、棉铃虫、甜菜夜蛾和斜纹夜蛾等。这些害虫在田间混合发生，且世代重叠，导致防治难度加大。它们对大豆的危害严重，抗药性强，因此防治工作必须依据虫情预报进行。

从7月底至8月初，我们应特别关注田间是否有低龄幼虫啃食造成的网状和锯齿状叶片出现。一旦发现此类情况，应立即采取行动，使用合适的药剂进行防治。建议每7天用药一次，连续三次，以确保有效控制虫害。

在药剂选择上，前期可选用2.5%保得、2.5%功夫、4.5%氯氰菊酯、5%抑太保（定虫隆）、40%安民乐和48%乐斯本（毒死蜱）等药剂，均稀释1 500倍液后使用。施药时间最好选择下午5时或上午6—8时，每公顷喷药液750千克。为了提高防治效果，应尽量将药液直接喷洒在虫体上。到了后期防治阶段，推荐使用生物杀虫剂，如复方BT乳剂、苏云金杆菌BT制剂和杀螟杆菌等。这些生物杀虫剂每克含活孢子100亿个，使用时需兑水稀释500～800倍液，每公顷茎叶喷雾750千克。此外，这些生物杀虫剂还可以与前期提到的任何一种杀虫剂混用，以增强防治效果。

夏大豆的化学除草工作对于确保大豆的正常生长至关重要。在播种后的1～3天内，即出苗前，是进行土壤封闭除草的最佳时机。此时，畦面需要保持平整，细土分布均匀，避免存在大小明暗垡，同时土壤应保持潮湿状态。在喷药时，每公顷建议使用72%都尔1 500～1 800毫升或50%乙草胺1 500～2 250毫升，兑水450千克后进行喷雾。这样可以有效地封闭土壤，防止杂草的滋生。另外，当豆苗长至 1~3 片复叶期，各类杂草也处于 3~5 叶期时，是茎叶喷雾除草的适宜时期。此时，每公顷可选用 15% 精禾草克 1 125 毫升加 25% 虎威 750~900 毫升进行喷雾。如果地块中莎草生长较多，还可以加入 48% 苯达松 1 500 毫升。所有药剂兑水 750 千克后进行茎叶喷雾。此外，使用 10.8% 高效盖草能 450 毫升兑水 450 千克进行一次喷雾，也是有效的除草方法。在进行化学除草时，为确保除草质量，务必准确掌握用药量和兑水量，并在适宜的时间进行喷雾处理。同时，要避免重复喷洒或遗漏喷洒，以确保除草效果均匀且不会对大豆造成损害。

6. 保墒灌水

夏大豆的生育期相对较短，因此无须特别强调蹲苗过程。为了确保大豆在花期前形成繁茂的群体，苗期的水分管理显得尤为关键。在条件允许的情况下，应尽早进行灌水，确保大豆苗期的土壤水分稳定在 20% 左右。这样的水分条件有助于大豆植株的健康生长和繁茂群体的形成。大豆的花荚期往往与雨季相吻合，但受天气影响，有时也会出现雨量分布不均导致干旱的情况。在这种情况下，及时灌水至关重要。花荚期是大豆生长的关键时期，土壤含水量应保持在 30% 左右，以确保大豆的正常生长和产量。

7. 收获期收获

"豆收摇铃响"这句俗话生动地描绘了大豆成熟时的景象，当 95% 的豆荚转变为成熟的颜色，豆粒也呈现出品种特有的本色和形状时，便是收获的最佳时机。然而，大豆的成熟和收获并不总是那么简单明了，它还会受到天气条件的影响。在成熟期，如果遭遇多雨或低温的天气，我们就不能仅凭时间来判断是否应该收获。此时，观察豆荚的颜色以及豆粒的成熟情况变得尤为重要。对于不易炸荚的品种的大豆，我们还可以适当地延长收获时间，比如 2~3 天，以确保豆粒的完全成熟。辽宁省的夏播大豆，在早霜来临时，农民朋友们不必急于收获。这是因为，尽管夏播大豆的生长期相对有限，且可能受到早熟品种选择的影响，在早霜来临时可能没有春大豆那么成熟。但大豆一旦进入鼓粒后期，即使在受到霜冻影响后，仍能继续鼓粒归圆，完成其最后的生长阶段。尽管叶片会因霜冻而脱落，但茎秆中的养分依然能够输送给大豆籽粒，保障其正常的成熟过程。

第十一章　盐碱地大豆栽培技术

第一节　播种环境

盐碱地的形成，是一个复杂且综合的过程，其背后涉及地理位置、气候条件、地质结构等多种因素的交织作用。这类土壤，因其特殊的性质，含有大量可溶性盐分，这些盐分在土壤中以离子形式存在，为作物的生长带来了极大的挑战。特别是对于大豆这一重要的农作物而言，盐碱地的存在无疑构成了直接且严重的威胁。

首先，我们深入探讨一下盐碱地形成的原因。地理位置对于盐碱地的形成起着至关重要的作用。许多盐碱地都分布在沿海地区或干旱、半干旱区域，这些地方往往受到海洋盐分或地下水的双重影响，导致土壤中盐分含量较高。气候条件也是影响盐碱地形成的重要因素。在干旱或半干旱地区，由于降雨稀少，蒸发强烈，盐分容易被留在土壤表层，进而形成盐碱地。此外，地质结构也会对盐碱地的形成产生影响。例如，一些地区的地质结构使得地下水与地表水之间的交换频繁，导致盐分在土壤中积累。

而在这类土壤中，大量的可溶性盐分对大豆的生长造成了严重的影响。高盐分环境会严重破坏大豆根系的正常生理功能。当土壤中的盐分含量过高时，水分渗透压会显著增大。这使得大豆的根系在吸水过程中面临极大的困难，甚至可能出现根系脱水的现象。根系是大豆吸收水分和养分的主要器官，其受损将直接导致大豆的生长受阻。

不仅如此，盐分还会与土壤中的养分发生竞争。在大豆的生长过程中，养分是其不可或缺的"粮食"。然而，当土壤中盐分含量过高时，这些盐分就会与养分争夺土壤中的位置，使得大豆难以有效吸收和利用这些养分。这就好比是一场激烈的比赛，盐分和养分都在争夺有限的资源，而大豆则在这场比赛中处于劣势地位。

除了对根系的影响外，盐碱地中的盐分还会对大豆叶片的光合作用产生不利影响。光合作用是植物生长的重要过程，它能够将光能转化为化学能，为植物提供生长所需的能量。然而，当叶片中的盐分含量过高时，会破坏叶绿体的结构，降低叶绿素的含量。叶绿素是植物进行光合作用的关键物质，其含量的降低会直接影响光合作用的效率。因此，盐碱地中的大豆叶片往往会出现光合效率下降的现象，导致植物整体生长受到抑制。此外，盐分还会导致叶片细胞失水。在盐碱地中，由于土壤中的盐分含量过高，使得植物细胞与土壤之间的水势差增大。这会导致植物细胞中的水分向土壤流动，使叶片细胞失水。失水的叶片细胞会变得萎蔫、干枯，严重影响大豆的光合作用和整体生长。

因此，对于盐碱地大豆的栽培，我们必须有清醒的认识和足够的重视。我们必须充分认识到盐碱地土壤特性及其对大豆生长的不利影响，从而采取针对性的措施进行土壤改良。这不仅是提高大豆产量的需要，更是保障我国粮食安全的重要举措。

在改良盐碱地土壤的过程中，我们需要综合运用多种手段和方法。例如，可以通过深松土壤、加大排水量等措施来降低土壤中的盐分含量；可以通过施用石灰、有机肥等改良剂来调节土壤的酸碱度和肥力；还可以通过种植耐盐作物、采用合理的灌溉方式等措施来适应和利用盐碱地资源。这些措施的实施需要科学规划和精细管理，以确保改良效果的最大化。

同时，我们还需要加强盐碱地大豆栽培技术的研究和推广工作。通过深入研究盐碱地的形成机理和改良技术，探索适合盐碱地大豆生长的最佳模式和措施；通过加强技术推广和培训工作，提高农民对盐碱地大豆栽培技术的认识和掌握程度；通过政策扶持和市场引导等措施，鼓励和支持农民积极投入盐碱地大豆的栽培生产。

总之，盐碱地大豆的栽培是一项具有挑战性的工作，但只要我们充分认识到盐碱地的特性和影响，采取针对性的措施进行土壤改良和技术推广，就一定能够取得显著的成效。这不仅有助于提高大豆的产量和品质，更有助于推动农业的可持续发展和保障国家的粮食安全。在未来的农业生产中，我们应该更加重视盐碱地资源的利用和改良工作，为实现农业的绿色发展和乡村振兴作出更大的贡献。

第二节　播种管理

播种是盐碱地大豆栽培中的一项至关重要的技术环节，它直接关系到大豆的出苗率、生长情况以及最终的产量。在盐碱地这样的特殊环境下，播种技术更是需要精心设计和实施，以确保大豆能够在恶劣的土壤条件下茁壮成长。

首先，播种时间的选择尤为关键。盐碱地大豆的播种时间通常要比普通土壤晚一些。这是因为在盐碱地中，土壤中的盐分含量较高，如果过早播种，种子可能会受到盐分的侵害，导致发芽困难或生长受阻。因此，选择一个较晚的播种时间，可以确保种子在较高的温度下快速发芽，从而缩短盐害时间，提高出苗率。具体来说，播种时间的确定还需要考虑当地的气候条件、土壤盐分含量以及大豆品种的生长特性等因素。通过综合这些因素，我们可以确定一个最为适宜的播种时间，为大豆的生长创造一个良好的开端。

其次，播种方式的选择也是播种技术中的重要一环。在盐碱地大豆栽培中，垄上双行精量播种和免耕播种是两种常用的播种方式。垄上双行精量播种是指在垄上种植两行大豆，通过精确控制播种量，确保种子分布均匀，避免浪费种子和土地资源。这种播种方式可以提高出苗率，使大豆植株分布更加合理，有利于通风和光照，从而提高大豆的产量和品质。免耕播种则是一种更加环保和高效的播种方式，它可以在不翻耕土地的情况下进行播种，减少土壤侵蚀和水土流失，保护土壤结构和肥力。同时，免耕播种还可以节省大量的人力和物力成本，提高播种效率。

除了播种时间和播种方式外，播种深度也是影响大豆生长的一个重要因素。播种深度过深或过浅都会对种子的发芽和生长产生不利影响。如果播种过深，种子在发芽过程中需要消耗更多的能量来突破土壤阻力，可能导致发芽率降低；而播种过浅，则容易受到外界环境的影响，如干旱、风吹等，导致种子裸露或移位，进而影响出苗率。因此，在盐碱地大豆栽培中，我们需要根据土壤的质地、湿度以及大豆品种的特性等因素，合理确定播种深度，确保种子能够顺利发芽并茁壮成长。

此外，在播种过程中还需要注意一些细节问题。例如，播种前应对种子进行筛选和处理，去除破损、病虫害等不合格种子，确保播种用的种子质量优良；播种时应保持匀速、均匀的播种速度，避免漏播或重播；播种后应及时进行镇压和浇水等后续管理工作，为大豆的生长创造一个良好的土壤环境。

综上所述，播种是盐碱地大豆栽培中的一个关键环节，需要综合考虑多种因素来确定最佳的播种时间、播种方式和播种深度。通过科学合理的播种技术，我们可以有效克服盐碱地对大豆生长的不利影响，提高出苗率和产量，为农业生产作出贡献。

然而，播种仅仅是盐碱地大豆栽培的一个开始，后续的田间管理同样重要。在盐碱地中，大豆的生长过程中可能会遇到各种挑战，如盐分的持续侵害、营养元素的缺乏以及病虫害的侵袭等。因此，在播种后，我们需要密切关注大豆的生长情况，及时采取措施应对各种可能出现的问题。

首先，针对盐碱地中的盐分问题，我们可以采取灌溉和排水的方式来降低土壤中的盐分含量。通过合理的灌溉制度，我们可以将盐分稀释并随水排出土壤，从而减轻盐分对大豆生长的影响。同时，我们还可以通过施用改良剂来中和土壤中的盐分，提高土壤的肥力。

其次，针对营养元素的缺乏问题，我们需要根据大豆的生长需求合理施肥。在盐碱地中，由于土壤结构的特殊性，一些营养元素可能会被固定或流失，导致大豆无法有效吸收。因此，我们需要根据土壤检测结果和大豆的生长情况，科学制定施肥方案，确保大豆能够获得足够的营养供应。

此外，对于病虫害的防治也是盐碱地大豆栽培中不可忽视的一环。由于盐碱地的特殊环境，大豆可能会受到一些特殊病虫害的侵袭。因此，我们需要加强病虫害的监测和预警工作，及时发现并采取措施进行防治。同时，我们还可以通过选用抗病虫害品种、合理轮作等方式来降低病虫害的发生概率。

总之，盐碱地大豆栽培是一个复杂而细致的过程，需要我们在播种、田间管理等多个环节上下功夫。通过科学合理的栽培技术和精细的管理措施，我们可以克服盐碱地对大豆生长的不利影响，实现高产稳产的目标。这不仅有助于提高农民的收入水平，还有助于推动农业生产的可持续发展。

第三节　水肥管理

盐碱地大豆的水肥管理是非常重要的，它直接关系到大豆的生长发育和产量品质。在盐碱地这样的特殊土壤环境下，水肥管理的难度和复杂性都相对较高，因此需要采取一系列科学合理的措施来确保大豆的正常生长。

首先，我们来谈谈灌溉方面的管理。在盐碱地中，水分的供应和管理尤为重要。由于土壤中盐分含量较高，水分蒸发和散失的速度也较快，因此我们需要采用合理的灌溉技术来减少水分的散失和蒸发。滴灌和喷灌是两种常用的灌溉方式，它们都能够有效地控制水分的供应，减少水分的浪费。滴灌是通过管道系统将水滴直接送到大豆的根系附近，使水分能够直接被大豆吸收利用，减少了水分的蒸发和流失。而喷灌则是通过喷头将水雾喷洒到空中，再降落到大豆植株上，这种方式能够增加空气湿度，降低土壤表面的温度，从而减少水分的蒸发。

然而，仅仅采用合理的灌溉技术还不够，我们还需要注意灌溉量的控制。过度灌溉不仅会导致水分的浪费，还会使得盐分在土壤中积累，进一步加剧盐碱化的问题。因此，我们需要根据大豆的生长需求、土壤的水分状况以及气候条件等因素来合理确定灌溉量。一般来说，在大豆生长的关键期，如开花期和结荚期，需要增加灌溉量以满足大豆对水分的需求；而在其他时期，则可以适当减少灌溉量，避免过度灌溉。

除了灌溉方面的管理，施肥也是盐碱地大豆水肥管理中不可或缺的一环。施肥的目的是补充土壤中的营养元素，满足大豆生长的需求。在盐碱地中，由于土壤结构和肥力的特殊性，施肥的方法和量都需要特别注意。

在大豆播种前，我们需要对土壤进行养分检测，了解土壤中各种营养元素的含量和比例。根据检测结果，我们可以制定出合理的施肥方案。一般来说，盐碱地中的磷和钾元素较为缺乏，因此在施肥时需要特别注重这两种元素的补充。我们可以选择富含磷、钾的肥料，如磷酸二铵、氯化钾等，按照一定比例混合后施入土壤中。此外，为了改善土壤的盐碱状况，我们还可以施入一些有机肥料，如腐熟的农家肥或生物菌肥等，这些肥料能够增加土壤的有机质含量，改善土壤结构，提高土壤的保水保肥能力。

在大豆生长期间，我们还需要根据大豆的生长情况和土壤的养分状况进行追肥。一般来说，大豆在生长初期对氮肥的需求较大，而在中后期则对磷钾肥的需求增加。因此，我们可以根据大豆的生长阶段和土壤养分状况，适时追施氮、磷、钾等肥料。在追肥时，需要注意控制肥料的用量和浓度，避免过度施肥导致盐分积累和环境污染。

除了灌溉和施肥外，盐碱地大豆的水肥管理还需要注意其他一些细节问题。例如，在灌溉和施肥过程中，要注意避免将盐分含量较高的水源和肥料用于大豆的栽培；在雨季或降雨较多的时期，要及时排水防止土壤过湿导致盐分积累；同时，还要加强田间管理，定期松土除草，保持土壤疏松透气，为大豆的生长创造良好的环境。

综上所述，盐碱地大豆的水肥管理是一项复杂而细致的工作。我们需要根据盐碱地的特殊土壤环境和大豆的生长需求，采用合理的灌溉技术和施肥方法，科学合理地控制水分和养分的供应。只有这样，才能确保大豆在盐碱地中正常生长，达到高产稳产的目标。

然而，盐碱地大豆的水肥管理只是整个栽培过程中的一部分，要真正实现大豆的高产稳产，还需要从品种选择、播种技术、病虫害防治等多个方面进行综合施策。同时，随着科学技术的不断进步和农业生产方式的不断创新，未来我们还将有更多的技术手段和管理方法应用于盐碱地大豆的栽培中，为提高大豆的产量和品质提供更有力的支持。

在未来的盐碱地大豆栽培实践中，我们应继续加强科学研究和技术创新，不断探索适合盐碱地大豆生长的最佳水肥管理模式和栽培技术体系。同时，我们还应注重推广和应用先进的农业科技成果，提高农民的科学素质和种植技能，推动盐碱地大豆产业的健康发展。

第四节　病虫害防治

盐碱地大豆的病虫害防治也是不可忽视的一环。在盐碱地的特殊环境下，大豆的生长本身就面临着诸多挑战，而病虫害的侵袭更是雪上加霜，可能会严重影响大豆的产量和品质。因此，我们需要高度重视盐碱地大豆的病虫害防治工作，采取科学合理的措施，确保大豆健康生长。

在播种前，对种子进行药剂拌种和包衣处理是预防病虫害发生的重要步骤。拌种药剂通常选用具有杀菌、杀虫作用的药剂，通过与种子混合搅拌，使药剂均匀附着在种子表面。这样可以有效预防一些常见的种子带菌和地下害虫。而包衣处理则是利用特定的包衣剂，在种子表面形成一层保护膜，既可以防止病菌和害虫的侵害，又能为种子提供一定的营养支持。这些预处理措施可以大大提高种子的抗病性和抗虫性，为大豆的健康生长打下良好的基础。

然而，仅仅依靠播种前的预防措施是不够的，我们还需要在大豆生长期间密切关注病虫害的发生情况。盐碱地大豆常见的病虫害包括根腐病、霜霉病、蚜虫、豆荚螟等。这些病虫害一旦发生，如果不及时防治，很可能会对大豆的生长造成严重影响。因此，我们需要定期巡查田间，观察大豆的生长情况，一旦发现病虫害的迹象，就要立即采取措施进行防治。

在防治病虫害时，我们需要根据病虫害的种类和程度选择合适的防治方法。对于一些轻微的病虫害，可以通过加强田间管理、调整种植密度等方式进行防治；而对于一些严重的病虫害，则需要使用农药进行防治。然而，在使用农药时，我们需要注意选择环保、低毒的农药品种，避免对环境和大豆品质造成不良影响。同时，我们还要严格按照农药使用说明进行操作，避免过量使用或误用农药。

除了使用农药外，我们还可以采取一些生物防治和物理防治的方法。例如，可以利用天敌昆虫来控制害虫的数量；也可以利用灯光、黄板等物理手段来诱杀害虫。这些方法既环保又有效，可以作为农药防治的补充手段。

此外，我们还应该注重农业生态系统的整体平衡。通过合理轮作、间作套种等方式，改善土壤结构，增加生物多样性，从而提高大豆的抗病性和抗虫性。同时，加强农田水利建设，改善灌溉条件，降低土壤盐分含量，也是预防病虫害发生的重要措施。

在盐碱地大豆的病虫害防治工作中，我们还需要注重科技创新和新技术应用。随着科学技术的不断发展，越来越多的新技术和新方法被应用于农业生产中。例如，利用遥感技术和无人机进行病虫害监测，可以更加快速准确地掌握病虫害的发生情况；利用生物技术和基因工程手段培育抗病虫品种，可以从根本上提高大豆的抗病性和抗虫性。这些新技术和新方法的应用将为我们提供更加有效的病虫害防治手段。

综上所述，盐碱地大豆的病虫害防治是一项复杂而重要的工作。我们需要从多个方面入手，采取多种措施进行综合防治。通过科学合理的防治手段和技术创新应用，我们可以有效地控制盐碱地大豆的病虫害发生，保障大豆的健康生长和高产稳产。这不仅有助于提高农民的收入水平和生活质量，还有助于推动农业生产的可持续发展和生态环境的改善。

第五节　采收与后处理

采收是盐碱地大豆栽培的最后环节，也是确保大豆品质和产量的关键步骤。在这个环节，每一个细节都显得尤为重要，从采收的方式到后续的干燥、筛选和储存，都需要我们精心操作，以确保大豆能够以最优质的状态呈现在消费者面前。

在采收时，我们首先要注意轻拿轻放。大豆的豆荚相对脆弱，稍有不慎就可能造成豆荚破裂，导致豆子散落丢失。因此，我们在采收过程中要特别小心，尽量避免对豆荚产生过大的冲击力。同时，为了提高采收效率，我们可以采用机械采收的方式，但在使用机械时也要注意调整机械的力度和速度，以免对大豆造成损伤。

采收后的大豆需要进行干燥处理。由于盐碱地环境的特殊性，大豆在生长过程中可能吸收了较多的盐分和水分，因此采收后的大豆往往含有较高的水分。如果不及时进行干燥处理，大豆容易发霉变质，影响品质和产量。在干燥过程中，我们要注意控制温度和时间，避免温度过高或时间过长导致大豆品质下降。同时，为了保持大豆的色泽和口感，我们还可以采用一些先进的干燥技术，如真空干燥或微波干燥等。

干燥后的大豆需要进行筛选。筛选的目的是去除杂质和不合格的豆子，确保大豆的纯度和品质。在筛选过程中，我们可以使用各种筛网和设备，根据大豆的大小、形状和颜色等特征进行分级和筛选。通过筛选，我们可以将大豆分为不同的等级，以满足不同消费者的需求。

最后，筛选后的大豆需要进行储存。储存是大豆栽培的最后一步，也是确保大豆品质和产量的重要环节。在储存过程中，我们要注意控制储存环境的温度、湿度和光照等因素，避免大豆受潮、发霉或变色。同时，为了延长大豆的保质期，我们还可以采用一些先进的储存技术，如真空包装或低温冷藏等。

除了上述的基本后处理工作外，我们还可以通过一些技术手段进一步提高大豆的品质和产量。例如，在采收前，我们可以对大豆田进行田间管理，通过调整灌溉和施肥等措施，优化大豆的生长环境，提高大豆的抗病性和产量。此外，我们还可以利用现代生物技术手段，如基因编辑和育种技术等，培育出更加适应盐碱地环境的大豆品种，从根本上提高大豆的产量和品质。采收虽然是盐碱地大豆栽培的最后环节，但却是确保大豆品质和产量的关键步骤。在这个环节中，我们需要以高度的责任心和敬业精神，认真对待每一个细节，确保大豆能够以最优质的状态呈现在消费者面前。只有这样，我们才能赢得消费者的信任和认可，为盐碱地大豆产业的发展贡献力量。此外，随着科技的不断进步和农业生产的持续发展，我们相信未来盐碱地大豆的采收和后处理工作将会更加智能化和高效化。例如，我们可以利用无人机进行精准采收，通过智能传感器实时监测大豆的干燥和储存状态，以及利用大数据分析优化大豆的种植和采收策略等。这些新技术的应用将为我们提供更加便捷、高效和精准的采收和后处理方式，进一步提高盐碱地大豆的产量和品质。

同时，我们也应该认识到，盐碱地大豆的栽培和采收是一项系统工程，需要我们从多个方面入手，综合考虑各种因素，才能取得最佳的效果。在未来的盐碱地大豆产业发展中，我们应该加强科学研究和技术创新，不断提高盐碱地大豆的种植技术和管理水平，为推动我国农业生产的可持续发展作出更大的贡献。

综上所述，采收作为盐碱地大豆栽培的最后环节，虽然看似简单，但却蕴含着丰富的技术内涵和深刻的意义。通过精心的操作和科学的管理，我们可以确保大豆以最优质的状态呈现在消费者面前，为盐碱地大豆产业的发展奠定坚实的基础。同时，我们也应该不断探索新的技术和方法，为盐碱地大豆的栽培和采收提供更加高效、精准和智能的解决方案。在未来的盐碱地大豆产业发展中，我们还需要关注市场需求和消费者偏好的变化。随着人们生活水平的提高和健康意识的增强，消费者对大豆的品质和口感要求也越来越高。因此，我们需要不断改进盐碱地大豆的栽培技术和采收方式，以满足市场的多样化需求。同时，我们还应该加强盐碱地大豆的品牌建设和市场推广，提高产品的知名度和美誉度，为盐碱地大豆产业的健康发展注入新的活力。

此外，我们还应关注盐碱地大豆的环保和可持续发展问题。在栽培和采收过程中，我们要尽量减少对环境的污染和破坏，采用环保的种植技术和处理方法，降低大豆生产对环境的影响。同时，我们还要积极推广循环农业和生态农业的理念，促进盐碱地大豆产业的可持续发展。总之，采收作为盐碱地大豆栽培的最后环节，其重要性不言而喻。我们需要以高度的责任心和敬业精神对待每一个细节，确保大豆的品质和产量。同时，我们还应不断探索新的技术和方法，关注市场需求和环保问题，为盐碱地大豆产业的健康发展贡献我们的力量。只有这样，我们才能让盐碱地大豆这一宝贵的农业资源得到充分利用和发挥最大的价值。我们可以更深入地理解盐碱地大豆采收的重要性和复杂性，以及如何在实践中确保大豆的品质和产量。同时，我们也看到了盐碱地大豆产业未来发展的潜力和挑战，需要我们在科学研究、技术创新、市场需求和环保可持续发展等方面做出更多的努力。

第十二章 生产无公害大豆的技术

第一节 无公害大豆的生产背景

1989 年农业部（现称农业农村部）研究制定农村经济和社会发展"八五"规划和 2000 年设想，提出发展绿色食品。1990 年 11 月农业部成立了中国绿色食品发展中心，从此拉开了我国绿色食品生产的序幕。为了从根本上解决我国农产品污染和安全问题，2001 年 5 月农业部开始组织实施"无公害食品行动计划"，计划用 8~10 年的时间，基本实现全国主要农产品生产和消费无公害化。实施该计划既是保护消费者利益的举措，又是推进农业结构调整、提高农产品质量、实行优质优价、提高生产者收入的有效措施。同时还有利于我国农产品参与国际竞争，与世界接轨。

近年来，随着人们保健意识和食品安全意识的提高，在政府的重视和合理引导下，无公害大豆生产得到了空前的发展。但由于种种原因，人们对无公害大豆存在一些不正确或不科学的认识。有些农户把无公害大豆等同于绿色食品大豆；还有一些农户错误地认为无公害大豆就是非转基因大豆，只要不种转基因大豆，生产的就一定是无公害大豆。其实不然。无公害大豆生产，需要在严格的生产条件下，按照无公害大豆生产技术规程进行生产，并且产品要求达到无公害大豆的各项指标。

无公害食品，指那些产地环境清洁，通过特定技术规程生产，严格控制有毒有害物质含量在标准范围内，并经过授权部门审定的安全、优质大众农产品及其加工品。简而言之，它是将有害物质控制在标准限量内，经认定的安全食品，是食品的基本安全要求。绿色食品，是我国农业部门推广的认证食品，分为 A 级和 AA 级。A 级允许限量使用化学合成生产资料，而 AA 级则要求不使用任何有害于环境和健康的化学合成物质。它是普通食品向有机食品过渡的中间形态。

有机食品，指以有机方式生产、符合标准并通过专门机构认证的农副产品及其加工品。其生产难度较高，需建立全新生产、监控体系及相应技术，包括病虫害防治、地力保持、种子培育、产品加工和储存等。

近年来，我国制定了一系列严格的食品卫生安全标准，以确保食品生产的安全性。对于大豆绿色食品的生产，必须严格遵循绿色食品标准体系，该体系全面规定了产前、产中、产后全过程的质量控制技术和指标，包括产地环境质量、生产技术、产品标准，以及包装、标签、储运等方面的标准，从而构建了一个从土地到餐桌的全方位质量控制体系。特别值得一提的是，1995 年农业部提出了《绿色食品大豆》和《绿色食品大豆油》两项标准，由大豆及大豆制品质量监督检验测试中心负责起草制定。这些标准对于绿色食品大豆的生产和检验具有重要的指导意义。

无公害大豆，作为无公害农产品的一种，其定义同样强调产地生态环境的清洁、特定技术操作规程的应用，以及有毒有害物质含量的严格控制。然而，目前国家市场监督管理总局发布的国家标准和农业农村部发布的农业行业标准中，尚未专门针对"无公害食品大豆"制定相关标准。但值得注意的是，1995 年农业部发布的"绿色食品大豆"标准中，对产地环境、理化指标、感官要求以及有毒有害物质限量等方面均有明确规定，这些要求与无公害大豆的标准是一致的。

第二节　转基因大豆的相关问题

近几年，转基因作物、转基因食品引起全世界的普遍关注，我国生产者和消费者也开始注意转基因的问题。转基因大豆作为现代农业技术的一项重要成果，其主要特性在于其抗除草剂草甘膦的能力。草甘膦作为一种广泛应用的除草剂，以其高效、低毒和广谱性而著称。这种化学物质的独特之处在于它对绿色植物的毒性作用，能够有效地杀死作物和杂草，但对动物和微生物却是无害的。据报道，目前美国种植的大豆有 70%～80% 是转基因的，阿根廷的大豆生产大约90%采用转基因品种，在加拿大、巴西，转基因大豆也占一定比例。

转基因技术是现代生物技术的一个突破。通过转基因技术，可以提高作物的产量，改善产品的品质，增强作物的抗性（抗旱、抗虫等），有时还可以降低生产成本。不过，随着转基因作物的陆续出现和应用，不少科学家和消费者对这些转基因产品的安全性，包括食品安全性、植物安全性、环境安全性，产生了疑虑。对消费者担心转基因食品存在潜在的风险，也是完全可以理解的。转基因食品对人有什么影响呢？对这个问题看法不一致。我国有几位科学家提出，转基因食品并不是"洪水猛兽"，可以放心地正常食用。世界上大致有数亿人，吃转基因食品已经几十年，至今未发现对人体造成伤害。外国科学家中也有人说，有的国家如美国食用转基因食品已经几十年了，并未发现对人有什么不良的影响。

据农业农村部信息中心提供的资料，欧盟各国从20世纪90年代初就已经规定，在生产中禁止使用转基因品种，并且也坚决拒绝转基因大豆进口。日本、韩国、泰国、新西兰等国对转基因大豆也不欢迎，他们实行标签制，对转基因产品贴标签。我国于2001年5月23日正式颁布了《农业转基因生物安全管理条例》，该条例明确规定，境外公司欲将转基因生物作为我国加工原料进行出口，须先向国务院农业行政管理部门递交申请。在经过严格的安全评价程序，确认该生物对人类、动物、微生物以及生态环境均不存在安全风险后，方可获得进口许可。我国政府对于农业转基因生物的安全问题一直持有高度重视的态度。为进一步加强管理，在2002年农业部相继发布了《农业转基因生物安全评价管理办法》《农业转基因生物进口安全管理办法》及《农业转基因生物标识管理办法》三个重要文件，以规范和完善农业转基因生物的安全管理与标识制度。第一批列入转基因农业产品目录的有5类，即大豆种子、大豆粉、大豆油，玉米种子、玉米油、玉米粉，油菜籽、菜籽粕，棉花种子，番茄种子。

第三节　无公害大豆生产的基本要求

2002年4月29日国家质量监督检验检疫总局发布《无公害农产品管理办

法》后，全国各地陆续制定了适于当地的无公害大豆生产技术规程。在制定无公害大豆生产技术规程时，重点应考虑生产基地环境的质量标准、生产的肥料施用标准以及农药使用标准等。

一、无公害大豆生产基地环境质量标准

为了生产无公害大豆，选择基地至关重要。这些基地应远离繁忙的交通要道，确保周边 5 千米范围内没有污染源，比如工矿企业和医院等。这样，大豆生产区的大气、灌溉用水和土壤的质量才能满足无公害农产品的严格标准。如果大气中含有有害气体或悬浮颗粒物，这些物质一旦被大豆植株吸收，不仅会降低产量，还会影响大豆的品质。因此，无公害大豆的生产基地应当选在远离城镇和污染区，空气质量良好的地方。

同样，水质也是无公害农产品基地环境评价的关键因素。被污染的水若流入农田，经过大豆植株的吸收，有毒有害物质可能会残留在大豆籽粒中，从而引发公害。因此，确保灌溉用水的质量对于无公害大豆的生产至关重要。根据农业行业标准《绿色食品　产地环境技术条件》（NY/T 391—2000）的规定，无公害大豆基地灌溉水的水质应符合标准中表9.2所规定的标准。

土壤是作物赖以生长的基地。大豆的根系除了从土壤中吸收一些自身生长发育所需的营养元素外，一些不需要的物质（包括对人体有毒有害的物质）也会同时吸收到植株体内，积累在籽粒中。因此，土壤环境的好坏会直接影响到农产品的质量。根据农业行业标准 NY/T 391—2000 的规定，无公害大豆基地的土壤质量应符合标准中表9.3所规定的标准。

我国东北地区的气候特点表现为雨热同季，即高温与充沛降雨同步，这为大豆的生长和发育提供了得天独厚的条件，确保其稳产高产。特别是东北地区土壤肥沃，尤其是黑龙江省的黑土带地区，土壤质量上乘。由于该地区没有大型化工企业，因此大气污染源相对较少，且由于开发时间较晚，土壤受到的污染程度较轻。同时，该地区的水质也相对纯净，为大豆生长提供了优质的土壤环境。因此，东北地区具备发展无公害大豆生产的优越先决条件。

二、生产无公害大豆的肥料施用

农业行业标准《绿色食品肥料使用准则》（NY/T 394—2023）对绿色食品生产的肥料使用做出了明确规定。在 AA 级绿色食品的生产过程中，只允许使用堆肥、沤肥、厩肥等农家肥料，禁止使用化学合成的肥料。而对于 A 级绿色食品的生产，除了可以施用上述农家肥料外，还可以限量使用特定的化肥。在施用有机肥、微生物肥等时，允许掺入除硝态氮肥外的化肥，但有机氮与无机氮的比例必须控制在 1∶1 以内。此外，城市垃圾、污泥、医院粪便垃圾及含有毒物质的工业垃圾均被严格禁止使用。

硝态氮肥之所以被严禁使用，是因为其含有的硝酸根离子虽然易被作物吸收，但不易被土壤固定，流动性强，未被作物吸收的硝酸根容易随水流失，导致土壤和地下水污染。同时，作物吸收的硝酸根部分会转移到地上部分，硝酸盐在人体内可能转化为有毒的亚硝酸盐，进而促进亚硝酸胺的合成，长期摄入可能导致食管癌、胃癌等消化系统癌症。

为确保无公害大豆的高产稳产，必须严格遵循《绿色食品肥料使用准则》。在实际操作中，应重视秸秆还田，结合使用农家肥、化肥和微生物肥，确保有机氮与无机氮的比例控制在 1∶1 以内。通常，每公顷土地应施用 15 吨农家肥作为底肥，并搭配磷酸二铵 150~200 千克、硫酸钾 65~75 千克、尿素 40~70 千克作为种肥。特别需要注意的是，硝态氮化肥是严禁使用的。

三、无公害大豆生产的病虫草害防治

化学药剂对农作物病虫草害的控制效果是十分显著的，但化学防治的负面效果也是相当严重的。随着农药的新品种、新剂型的不断涌现和大量生产，农民对农药的依赖越来越强。滥用农药、盲目用药、使用违禁农药的现象越来越多，带来了一系列的问题。如害虫的抗药性越来越强；大量病虫害的天敌被杀，农田生态系统严重失衡；农药残留引起土壤和地下水污染；农产品农药残留超标，危及人们身体健康，影响农产品出口。

在作物病虫草害防治过程中，化学农药的作用是不可低估的，但随着人们对化学农药负效果的认识，作物抗性育种水平的提高和一些新型生物农药的开发应用，当前不再把化学农药作为控制作物病虫草害的唯一手段。

农业行业标准《绿色食品　农药使用准则》（NY/T 393—2020）对 A 级绿色食品的生产过程有着明确的规定。在生产过程中，推荐使用中等毒性以下的植物源杀虫剂、杀菌剂，例如除虫菊素、鱼藤根、烟草水和大蒜素等。此外，矿物油和植物油制剂、硫制剂和铜制剂等矿物源农药也在可使用范围内。农药抗生素，如春雷霉素、多氧霉素等，在限量条件下也是被允许的。然而，剧毒、高毒、高残留或具有致癌、致畸、致突变风险的农药是严格禁止使用的。每种有机合成农药在作物的整个生长周期中仅允许使用一次。

值得注意的是，尽管有些农药如涕灭威和克百威在大豆生产中仍被使用，但在生产 A 级绿色食品大豆时，这些农药是明确禁止的。对于 A 级绿色食品大豆的生产，可以适量使用一些低毒的除草剂，如稳杀得、精稳杀得、禾草克等。遵循这些规定，有助于确保绿色食品大豆的安全和质量。

为了生产出优质、高产且安全的无公害大豆，我们必须从农田生态系统的视角出发，充分利用农业措施，如选用抗性品种、实施轮作倒茬、耕翻耙压以及中耕除草等，以强化大豆自身的抗性。同时，我们应保护和利用自然天敌的防控功能，优先选择无污染的植物源、动物源、微生物源和矿物源农药。在必要时，可以有限度地使用一些低毒的有机合成农药来防治病虫害和杂草，确保大豆的生产安全。

为了满足无公害农产品生产的实际需求，并科学指导农业生产者安全使用农药，2002 年 7 月，农业部特别针对农业植保部门和广大农业生产者推荐了一批高效、低毒、低残留的农药品种，供其选择使用。

在推荐过程中，农业部遵循了以下原则：首先，贯彻试验示范的原则，基于近年来各地的试验和示范结果，筛选了一些新品种；其次，结合多年来国内推广应用的实际情况，兼顾了一些受群众欢迎且生产上急需的老品种；再次，突出安全性和防治效果，以环保型低毒（部分高毒）和低残留品种为主，尤其注重防治效果好的单剂；最后，体现公正性原则，推荐的农药品种是经过与科研、教学、推广、管理和农药检定部门的专家反复研究讨论确定的，确保与生产企业无直接关联。

第四节　生产无公害大豆的技术规范

为了生产出既优质、无公害，又高产高效的无公害大豆，除了满足严格的环境质量标准、施肥标准和农药使用标准等条件外，我们还需要采用一系列配套的栽培技术。这些技术将确保大豆在生长过程中得到全方位的保障，从而实现生产的双重目标：既保证大豆的品质与安全，又确保其产量和效益的最大化。

一、品种选择

选择经国家和省品种审定委员会审定通过的，适于当地气候条件的、优质、高产、抗逆性强的大豆品种。

二、播前种子及土地处理

为了保障大豆的高产与优质，我们首先要严格筛选种子，确保发芽率不低于95%，纯度不低于97%，净度不低于98%，含水率不高于13%，且种子应无病斑、无虫孔。对于未包衣的种子，我们推荐采用钼酸铵、硫酸锌和硼砂进行拌种处理，确保每千克种子按照指定比例兑水混拌均匀。此外，大豆根瘤菌接种也是关键步骤，每公顷需用菌剂3.75千克，搅拌成糊状后均匀拌在种子上，拌种后应避免使用杀菌剂，防止日晒，并在24小时内完成播种。

三、栽培管理

在栽培管理方面，科学的轮作制度至关重要，前茬作物以玉米、马铃薯、小麦为主。在黑龙江省，建议实行伏、秋翻起垄或秋深松起垄的耕作方式。对于具备深松基础的玉米茬地，可原垄种植。整地的质量同样不容忽视，要求耕层土壤细碎、疏松，特别是对于窄行密植栽培的地块，需整平耙细，垄表平整，确保播种质量。具体标准包括 10 米宽幅内高低差不超过 3 厘米，每平方米耕层内直径 5 厘米的土块不超过 5 个，以达到最佳的播种状态。

四、合理施肥

1. 底肥准备

每公顷施有机肥 15~20 吨，结合整地一次施入。

2. 追肥

在施用化肥作为种肥时，我们需根据土壤诊断结果来确定具体的化肥用量及其限量最高值。应优先选用符合 NY/T 394—2023 标准的肥料，例如每公顷土地可施用磷酸二铵 100~180 千克，生物钾肥 7.5 千克（可拌种或作为口肥使用），以及硫酸钾 40~50 千克或氯化钾 45~75 千克。为了提高肥效，我们提倡分层深施肥的方法，即将肥料深施于种子下方 4~5 厘米或 10~15 厘米处。需要特别注意的是，种肥不应与种子处于同一位置，以避免烧种现象的发生。对于长势不佳的地块，我们还可以在苗期根据苗情长势每公顷追施尿素 45~60 千克，以促进大豆的健康生长。

五、播种

1. 播种方法

大豆的种植方式灵活多样，可以选择清种或与玉米间作，其中间作时大豆的种植区域应不少于 8 行区。在种植密度方面，肥沃的土地、分枝性强且晚熟的品种适宜稀植，而贫瘠的土地、分枝性弱且早熟的品种则适宜密植。

以黑龙江省为例，根据当地的地势、土壤肥力和品种特性来确定种植密度。当行距为 60~70 厘米时，每公顷的保苗数控制在 25 万~30 万株；而行距为 40~45 厘米时，每公顷的保苗数则为 35 万~38 万株。吉林省在高肥地种植晚熟品种时，每公顷保苗 16 万~18 万株，中熟品种为 19 万~21 万株，早熟品种则为 22 万~25 万株；中肥地和薄地的种植密度也会根据品种特性有所调整。在辽宁省，高肥地的种植密度为每公顷 13 万~16 万株，而中低等肥力的地块则为每公顷 16 万~21 万株。

播种时机的选择同样重要，当土壤 5 厘米深处的温度稳定达到 8℃时，是最佳的播种时期。在保证播种质量的前提下，适期早播通常在 4 月 20 日至 5 月 10 日之间。播种方式有机械播种和人工等距播种两种，其中黑龙江省还采用了窄行密植条播等先进的播种方法。

为了提高化肥的利用率，我们会在整地时结合进行秋深施肥，并注重分层深施肥的实施。此外，还积极推广垄上双条精播种和垄三栽培法等先进的种植技术，以改善土地的整地和垄底深松效果。这些措施共同确保了大豆的高产和优质。

2. 机械播种

在进行机械播种时，我们需要确保总播量的误差控制在 2% 以内，同时单个播种口的排量误差也不应超过 3%，以保证播种的精确性。播种过程中，应保证种子的分布均匀，避免出现断条现象，即在 20 厘米的范围内不应出现无籽的情况。为确保播种的整齐度，行距开沟器的间隔误差应小于 1 厘米，而往复综合垄的误差则应控制在 5 厘米以内。播种深度应保持在 3~5 厘米，并确保覆土均匀一致。播种完成后，还需及时对播种区域进行镇压，以确保种子与土壤紧密结合，为大豆的生长奠定良好基础。

六、田间管理

1. 出苗期松土

当小苗刚刚破土而出，子叶还未完全展开时，是进行产前深松一犁的最佳时机。

2. 间苗

若密度过大，需要人工间苗以保证后续正常生长发育。

3. 铲趟

当大豆小苗长出一对单叶至第一片复叶时，应开始头遍铲趟工作。随后，7~8 天后，当苗高达到约 10 厘米时，需进行第二遍铲趟。在二遍铲趟后的 10 天左右，即大豆封垄前（拥有 6~8 片复叶时），应进行第三遍深铲深趟，以确保大豆的正常生长。

4. 灌水

在条件允许的地方，建议在大豆的花期、结荚期和鼓粒期采用喷灌或小白龙眼灌溉技术。喷灌时，每次的灌水定额应控制在 20~30 毫米的范围内，以达到最佳灌溉效果。完成灌溉后，还需及时进行中耕松土，以促进大豆的生长。

5. 大豆生长调控措施

当大豆进入生育后期，若出现脱肥现象，可每公顷施用尿素 15 千克和磷酸二氢钾 1 千克，与 750 千克水混合后进行叶面喷施。若 7 月中旬观察到地块出现徒长或倒伏情况，可使用 2,3,5-三碘苯甲酸 0.045~0.075 千克，先加酒精溶解，再与 525~725 千克水混合喷施于每公顷地块。

七、病、虫、草、鼠害防治技术

1. 农业防治

（1）在品种选择上，我们应优先选用那些具备较强抗病虫和抗逆性的品种。

（2）为了实现土壤的合理利用和防止病虫害的积累，我们应采取大豆与禾本科作物每三年轮换种植的轮作制度，同时避免连续种植或连续两年在同一地块种植大豆。

（3）为了降低越冬虫源的数量，建议在秋季对豆田进行翻耕处理。

2. 生物防治

（1）在防治蚜虫方面，每公顷土地可选用 0.9~1.5 千克的苏云金杆菌悬浮剂，以 500~800 倍液的形式连续喷施两次，每次间隔 3 天。

（2）对于大豆食心虫的防治，可以选择在产卵高峰期（8 月上旬）释放螟黄赤眼蜂，每公顷约 30 万头，分 45 个点，分两次释放。或者，在大豆食心虫脱荚入土前（9 月上旬），将白僵菌菌粉与草炭土按 1∶9 的比例混拌均匀，然后按每公顷 80 千克的量均匀地撒在大豆田的垄台上。

（3）对于大豆灰斑病和花叶病的防治，可选用 0.5% 的氨基寡糖素水剂，以 600~800 倍液的形式进行喷施。在苗期应进行 3~4 次喷施，每次间隔 7~10 天。

3. 化学防治

农药喷洒设备需采用符合国家标准规定的器械，确保农药施用效果最佳且使用安全无虞。

（1）对于化学除草，我们应使用符合 NY/T 393—2023 标准的农药，并选择那些安全、低毒、无残留的除草剂品种。

①在苗前土壤封闭阶段，我们可以单独使用如 50%乙草胺、72%异丙甲草胺、90%乙草胺或 48%甲草胺等除草剂，按照常规用量进行。或者，我们可以采用组合使用的方式，如每公顷使用 0.12~0.18 升的 50%丙炔氟草胺可湿性粉剂，配合 1.5~3.0 升的 72%异丙甲草胺乳油，进行苗前土壤的喷雾处理。另外，播后苗前，我们也可以选择 90%乙草胺（禾耐斯）乳油与 75%宝收干悬浮剂的组合，每公顷分别使用 1 500~2 000 毫升和 15~25 克；或者使用72%都尔乳油，每公顷用量为 1 500~2 500 毫升。

②苗后除草时，当大豆出苗后，阔叶杂草达到 2~4 叶期，我们可以每公顷使用 48%灭草松 2.5~3 升，配合 600 千克的水进行第一次茎叶喷雾。而当禾本科杂草达到 4~6 叶期时，每公顷使用 12.5%稀禾定 1.5 升或 5%精喹禾灵0.75~1 升，同样配合 600 千克的水进行第二次茎叶喷雾。另外，我们还可以选择每公顷使用 15%精吡氟禾草灵乳油 0.75 升配合 24%乳氟禾草灵乳油0.35~0.4 升，在大豆苗期进行喷施。如遇干旱天气，应适当增加兑水量。苗后除草的其他可选方案包括使用 12.5%拿扑净机油乳剂，每公顷用量为1 000~1 500 毫升；或者 15%精稳杀得乳油，每公顷用量为 750~1 000 毫升；或者 25%氟磺胺草醚水剂，每公顷用量为 1 000~1 500 毫升；以及 24%杂草焚水剂，每公顷用量为 1 000~1 500 毫升。

（2）虫害防治。

①针对金针虫、蛴螬等地下害虫，我们在播种前可以采用 50%辛硫磷乳油0.5 升，加水 10~15 千克与 200 千克种子混合搅拌，并闷种 4~6 小时。待种子阴干后便可播种。若幼苗出现害虫，我们也可在傍晚时分，用同样的农药灌溉幼苗，每株约 50 克。

②对于大豆根潜蝇的防治，我们推荐使用 40%乐果乳油。在播种前的 3~6天内，按照种子重量的 0.5%比例，采用湿拌种的方式进行防治。

③面对豆斑鞘叶甲（或称斑鞘豆叶甲）、二条叶甲、黑绒金龟子、蒙古灰象甲等苗期害虫，我们每公顷可选用 5%顺式氰戊菊酯乳油 0.02 升，稀释至2 000 倍液进行喷施，或者选用 80%敌敌畏乳油 1 000~2 000 倍液进行防治。

④当大豆蚜虫在 6 月中旬至 7 月上旬出现点片危害，卷叶率达到 3% 或每百株有 3 000 头以上时，我们应立即采用 40% 乐果乳油 1 500~2 000 倍液进行喷施，以控制其危害。

⑤对于大豆食心虫的防治，我们需要在成虫发生期（8 月初）采取行动。每公顷可用 80% 敌敌畏原液 1. 85~2. 25 千克，制成 600 根药棍，然后在田间每隔 5 条垄台上插一趟。药棍应插在大豆植株的 1/3 处，每相距 4~5 步远。这是一种熏蒸法的防治方式。另外，我们也可以选择使用 5% 顺式氰戊菊酯、2. 5% 溴氰菊酯乳油进行常规喷施，每公顷用量为 0. 375~0. 45 升。

⑥当农田鼠害严重时，选用溴敌隆、氯敌鼠钠盐、杀鼠灵、敌鼠钠盐等高效安全药剂及时防治。

（3）细菌病害防治。

①对于大豆孢囊线虫病，我们推荐采用种子量的 2% 的大豆根保菌剂进行拌种，这样不仅可以有效防治该病害，还能同时预防根腐病的发生。

②针对大豆根腐病，我们建议使用种子量 0. 5% 的多福合剂或种子量 0. 3% 的多菌灵进行拌种，这样能有效控制病害的扩散。

③在防治大豆灰斑病时，我们可以选用 50% 的福美双可湿性粉剂，按种子质量的 0. 3% 进行拌种。此外，当大豆进入花荚期时，我们每公顷使用 40% 多菌灵胶悬剂 1. 5 千克，兑水 450 千克进行人工喷雾，以进一步控制病害。

④对于大豆菌核病，我们在发病初期可以选择速可灵，以 800 倍的药液浓度进行喷雾防治，确保病害得到有效控制。

八、收获阶段

1. 收获时机的选择

大豆应在黄熟期，即豆叶完全脱落后 5~7 天，进行收获。这是确保大豆品质与产量的关键时期。

2. 收获的具体操作

收获工作应在午前进行，操作时需注意留低茬，确保不漏掉任何枝杈，拉净拣净，力求收获完整。

3. 脱粒的时机与方法

若大豆茎和籽粒含水分较多，应在割后将其放在地里晾晒 5~7 天，待水分适当减少后再运回场院。若水分已经较少，收割后应立即运回场院，待其完全干燥后再进行脱粒。

九、其他事项

为了确保无公害大豆生产的透明性与可追溯性，我们需建立详尽的田间技术生产档案，全面记载大豆生产的各个环节，以备随时查阅。这既是对生产过程的监督，也是对产品质量的重要保障。

第十三章　大豆产品质量的标准化

第一节　大豆产后管理标准化

一、种子精选加工

精选是提高大豆商品质量、增强市场竞争力和提高大豆价格的有效措施。精选大豆的方法主要包括风选和机选。风选就是利用成熟完好大豆籽粒与未成熟大豆籽粒及杂质的相对密度不同，在外力作用下成熟大豆籽粒在空气中运动的距离与未成熟籽粒及杂质运动的距离不同，从而将成熟完好大豆籽粒与未成熟大豆籽粒及杂质分开。在风选中为保证精选质量，应严格分级，将大豆与杂质分开。当前机选主要有两种，一种是比重精选，利用相对密度不同将完好健康的大豆籽粒与不成熟籽粒、霉变籽粒及杂质分开；另一种是筛选，利用大小不同的筛孔将大豆与杂质分开。

为了推动大豆种子加工的标准化进程，黑龙江省农副产品加工机械化研究所精心起草了地方标准《大豆种子加工技术规范》（DB23/T 1038—2006）。该标准详细界定了大豆种子加工的相关术语和定义，明确了加工过程的一般要求，并详细规定了技术操作的各项要求，以及成品的质量标准和检验方法。此标准特别适用于利用大豆种子加工成套设备和复式清选机进行各类大豆种子的加工工作。在原料大豆种子的质量方面，标准明确要求净度必须达到96%以上，而纯度、发芽率和水分等关键指标则需符合国家标准《粮食作物种子豆类》（GB/T 4404.2—2010）的相关规定。此外，标准还特别指出，当原料大豆种子中的异形杂质含量超过每千克50粒时，应采取单独存放和集中加工的措施，以确保加工质量和效率。大豆种子的加工过程通常遵循以下工艺流程：首先进行上料，随后通过风筛选进行初步筛选，接着利用重力分选和形状分选进行精细化处理，之后进行包衣处理，再定量包装，最后进行贮藏。这一系列流程确保了加工出来的大豆种子达到高质量标准，满足农业生产的实际需求。

二、包装

大豆多采用麻袋、塑料编织袋和塑料袋包装。麻袋包装和塑料编织袋包装多用于大批量大豆的贮藏与运输。塑料袋包装则主要用于大豆种子的包装与运输。

三、贮藏

由于大豆富含蛋白质和脂肪，在同样条件下，大豆的贮藏期远远短于其他作物。贮藏条件和方法不适宜会大大降低大豆种子的活力和有效成分含量。大豆贮藏应达到的标准是，使大豆籽粒在贮藏期间能保持种用、食用及其他用途要求的优良品质，不霉烂变质，并使蛋白质和脂肪含量及品质损失降低到最小限度。大豆具有易走油、赤变的特性。一旦经过高温季节的贮藏，大豆出苗时，常常会出现子叶靠近脐部色泽变红的现象。随着时间的推移，这种红色会逐渐加深并扩大范围，严重时甚至发生浸油。同时，高温高湿的环境还会对大豆的发芽力产生不利影响，使其降低。大豆在走油赤变之后，其出油率会显著减少，豆油的色泽也会变得更深。如果使用这种大豆制作豆腐，会带有酸败味；而制作豆浆时，豆浆的颜色会发红。

大豆贮藏时水分和温度是影响贮藏质量的重要因素。为了保证大豆达到安全贮藏，应做好以下几项工作：

（1）确保彻底干燥。大豆的安全贮藏离不开充分的干燥，其水分含量必须控制在12%以下，一旦超过13%，霉变的风险便会大增。若入库后发现大豆湿度过高，仍需进一步晾晒，但需注意，晾晒温度不宜超过44~46℃。晒干后，需先摊开让大豆自然冷却，再分批存放入库。特别地，对于用作种子的大豆，应在较低温度下晾晒，以确保其品质与安全。

（2）选择低温密闭的贮藏方式。由于大豆导热性能不佳，高温下易导致色泽变红，因此建议采用低温密闭的贮藏方法。通常，可趁冬季低温时，将大豆转仓或出仓冷冻，待种子温度充分降低后，再进仓密闭保存，并在表面加一层压盖物，如经过清理和消毒的旧麻袋。这样不仅可以防止大豆直接从空气中吸湿，还能保持其原有色泽和品质。

（3）定期倒仓通风除湿。新收获的大豆通常在秋末冬初时节入库，此时气温逐渐下降。但大豆入库后仍在进行后熟作用，会释放大量湿热。因此，入库后的 3～4 周内，应及时进行倒仓通风除湿，并进行过筛除杂，以防止因"出汗"导致的发热、霉变和色泽变红等问题。

（4）合理控制堆放高度。大豆种子的贮藏应严格控制温度和水分。当温度在 15℃ 以下、含水量在 12% 以下时，散堆的堆放高度不宜超过 1.5 米，袋装的则以 8 个标准麻袋高为宜。若温度或水分高于上述标准，则需相应降低堆放高度。同时，仓库内的垛与墙、垛与垛之间应合理安排间距，确保空气流通，便于仓库管理人员进行定期检查。此外，在种子进行低温密闭贮藏后，应尽量减少仓库的开关次数，以降低温度和湿度的变化。

（5）专仓专用原则。仓库内应避免同时存放化肥、农药等有毒物品，以防止其挥发性气体污染种子。确保仓库的专用性，是保障大豆种子品质和安全的重要措施。

我国各地气候条件不同，温度和雨量差异很大，因此，各地贮藏大豆的方法也不尽相同。贮藏方法还因用途、贮藏量而异。一般有以下一些方法。

①袋贮。北方地区常将大豆装入麻袋或塑料编织袋，放在室内或室外比较干燥的地方堆积贮藏。这种方法适于留种和少量商品大豆的贮藏。在不受潮湿的情况下，此法可使大豆种子在半年到一年内不发生变质或影响发芽，但应注意底层麻袋的通风透气，经常检查种子的水分和温度变化。

②瓮贮。长江流域各地气温高、雨水多、湿度大，为保持做种子用大豆的发芽率，多采用瓮、罐或坛等容器贮藏。这样贮藏的大豆种子，由于不受外界潮湿的影响，在较长时间内不会降低发芽率。但由于容量较小，贮藏量有限。

③仓储。在种子数量或生产规模较大的地方，应建设标准仓库用来贮藏大

豆。标准仓库通风、通气、防潮、防热，贮藏时间较长，也不易使大豆变质，是贮藏大豆最好，但成本相对较高。

在进行高油、高蛋白加工专用型大豆或绿色食品大豆生产时，在大豆收入场院晾晒后，应及时入库，并实行单品种单放、单保管，定期检温，注意防虫、防霉。

第二节　大豆品质质量标准

一、无公害大豆品质质量标准

1. 大豆原粮质量标准

为了确保收购的大豆原粮品质上乘，早在 1978 年，国家相关部门就出台了《大豆》的国家标准（GB 1352—1978）。然而，随着时代的变迁和市场需求的变化，1986 年这一标准得到了修订。修订后的《大豆》（GB 1352—2023）标准广泛适用于大豆的收购、销售、调拨、储存、加工以及出口等各个环节。此标准基于大豆的种皮颜色和粒形特点，将其细分为五类：黄大豆（包括东北黄大豆和一般黄大豆）、青大豆（涵盖青皮青仁大豆和青皮黄仁大豆）、黑大豆（包含黑皮青仁大豆和黑皮黄仁大豆）、其他大豆（指种皮为褐色、棕色、赤色等单一颜色的大豆）以及饲料豆（又称秣食豆）。

不仅如此，该标准还依据纯粮率对大豆进行了细致的质量分等分级。标准中表 10.2 详细列出了这些等级指标和其他关键的质量指标值。值得注意的是，标准明确规定，各类大豆中，以三等为中等质量标准，而低于五等的则被视为等外大豆。

2. 豆制食品业与油脂业用大豆的质量标准

为规范大豆市场并确保我国大豆产业的稳健发展，国家于 1988 年针对豆制食品业和油脂加工业的需求，分别颁布了《豆制食品业用大豆》（GB 8612—1988）和《油脂业用大豆》（GB 8611—1988）两项标准。其中，《豆制食品业用大豆》标准专门应用于豆制食品业，它以水溶性蛋白含量为基准，将大豆划分为三个等级。低于三等的大豆被视为等外大豆，这类大豆不适用于豆制食品业的原料。

3. 高蛋白大豆与高油大豆的质量标准

近年来，为充分发挥黑龙江省大豆产业的优势，黑龙江省农业主管部门参照了美国等大豆主产国的质量标准，并结合本省商品大豆的脂肪与蛋白质含量检测结果，制定了《高蛋白大豆》（DB23/T 795—2004）和《高油大豆》（DB23/T 791—2004）两项地方标准。《高蛋白大豆》标准适用于豆制食品业以及大豆蛋白提取的原料，其等级划分主要依据蛋白质含量。《高油大豆》标准则专为油脂业用大豆所设。

4. 绿色食品大豆的质量标准

1995 年，农业部发布了《绿色食品大豆》（NY/T 285—2021）标准，该标准详细规定了绿色食品大豆的术语、技术要求、检验方法、检验规则及标志、包装、运输和贮藏等方面的内容。此标准仅适用于获得绿色食品标志的大豆。标准要求大豆的产地环境必须符合绿色食品产地的环境标准，同时大豆应具有正常的色泽和气味，不得有发霉变质现象。此外，还规定了相应的理化指标。在检验时，必须对所有感官和理化指标进行检验，样品的感官指标和卫生指标必须合格，其他指标允许有一项不合格，超过一项则判定整批产品为不合格品。

二、无公害食品豆油品质质量标准

1. 大豆油质量标准

2003 年，国家正式发布了《大豆油》（GB 1535—2017）的国家标准，对大豆油进行了细致的分类，包括大豆原油、压榨成品大豆油和浸出成品大豆油。大豆原油指的是未经任何处理的，不能直接供人类食用的大豆油；而压榨成品大豆油则是通过直接压榨大豆制取，经过处理后符合食用油的质量指标和卫生要求的，可直接供人类食用；浸出成品大豆油则是通过浸出工艺制取，同样经过处理符合食用油质量指标和卫生要求。此标准详细规定了油的各项特征指标和质量分等指标。所有标注为"大豆油"的产品，都必须符合《大豆油》（GB 1535—2017）的标准。特别值得注意的是，如果加工原料为转基因大豆，那么转基因大豆油必须按照国家相关规定进行标识，包装上需明确标注"转基因"字样，以保障消费者的知情权。同时，压榨大豆油和浸出大豆油在产品标签上应分别标注"压榨"和"浸出"字样。

2. 绿色食品大豆油质量标准

1995年，农业部发布了《绿色食品大豆油》（NY/T 286—1995）的标准。此标准明确要求，原料必须符合绿色食品大豆的标准，并且原料产地环境也必须满足绿色食品产地的环境标准。绿色食品大豆油具有特定的折光指数和比重，并需满足一系列感官指标和理化指标。

3. 大豆油的贮藏标准

大豆油在贮藏过程中，容易受到水分、杂质、空气、光线和温度等环境因素的影响而发生酸败变质。因此，为了确保大豆油的质量，必须严格控制其水分和杂质含量，并将其存放在密封容器中，置于避光、低温的地方。在入库或装桶前，必须清洁并擦干装具，同时严格检查油品的水分、杂质含量和酸价，只有符合安全贮藏要求的才能装桶入库。大豆油的水分和杂质含量均不得超过0.2%，酸价不得超过4。桶装油品的数量应适中，装好后应使用橡皮圈垫在桶盖下，并拧紧桶盖，以防止雨水和空气进入。同时，每个桶上应明确标注油品的名称、等级、皮重、净重及装桶日期，以便分类贮存和有序管理。桶装油品最好存放在仓库内，如需露天堆放，应确保桶底垫有木块，使其斜立，桶口排列整齐，以防桶底生锈和雨水从桶口渗入。在高温季节，应搭建遮阳棚以防止受热酸败；而在寒冷季节，特别是在气温较低的地区，无论是露天还是库内贮藏，都应使用稻草、谷壳等材料围垫油桶，以确保油品不会凝固。

三、无公害食品豆腐品质质量标准

《无公害食品　豆腐》（NY 5189—2002）标准详细规定了豆腐的质量标准，包括加工用水的质量要求、豆腐的感官要求、理化指标和卫生指标等，确保豆腐产品的安全、卫生和优良品质。

四、无公害食品速冻毛豆品质质量标准

根据农业部颁布的 NY 5195—2002 行业标准，无公害食品速冻毛豆的品质质量标准主要侧重于其感官指标和卫生指标。这些指标确保了速冻毛豆在保持原有风味和口感的同时，也符合食品安全和卫生的要求。

参考文献

常耀中，宋英淑，1983. 大豆需水规律与灌溉增产效果研究 [J]. 大豆科学 (4)：277-285.

陈庆山，裴宇峰，蒋洪蔚，等，2011. 大豆生育期降水量与油分含量的相关分析 [J]. 东北农业大学学报，42 (7)：15-19.

杜维广，王育民，谭克辉，1982. 大豆品种（系）间光合活性的差异及其与产量的关系 [J]. 作物学报 (2)：131-135.

高建华，康西言，常宇飞，等，2023. 基于 Copula 函数的河北省夏大豆干旱风险特征研究 [J]. 干旱地区农业研究，41 (6)：263-272.

高云卫，2023. 大豆高产栽培技术及病虫害防治 [J]. 河北农业 (6)：71-72.

耿亚玲，王华，王玲慧，等，2023. 10 种土壤处理除草剂在大豆-玉米带状复合种植田应用效果评价 [J]. 草地学报，31 (9)：2890-2896.

顾秋丽，李春艳，高明清，2020. 新疆伊犁河谷大豆高产栽培技术 [J]. 中国种业 (2)：68-69.

郭永震，2022. 大豆高产施肥技术分析 [J]. 种子科技，40 (8)：85-87.

侯云龙，李健琳，李明姝，等，2024. 高产抗病大豆新品种吉育 513 的选育及栽培技术 [J]. 大豆科学，43 (2)：245-251.

阚宝忠，2019. 浅议大豆苗期田间管理 [J]. 农业与技术，39 (21)：123-124.

李海朝，王金社，张辉，等，2022. 超高产大豆新品种郑 1307 的选育及栽培技术 [J]. 大豆科学，41 (4)：504-508.

李晓娜，2023. 大豆栽培技术和病虫害防治措施 [J]. 新农业 (11)：4-5.

刘博，卫玲，肖俊红，等，2018. 肥料运筹对大豆产量及生长的影响

［J］．华北农学报，33（S1）：195-200.

刘浩，衣志刚，刘佳，等，2023．早熟高产大豆新品种吉育209的选育及栽培技术［J］．大豆科学，42（2）：253-256.

邱磊，杨晓贺，张茂明，等，2022．大豆病虫害的发生及防治［J］．现代农业科技（19）：123-124+132.

邵东红，2023．大豆种植和病虫害防治［J］．种子科技，41（24）：76-78+135.

孙倩倩，郑道田，朱天山，等，2023．大豆-玉米带状复合种植田土壤处理除草剂筛选及田间应用效果评价［J］．东北农业大学学报，54（11）1-14.

田艳洪，赵晓锋，刘玉娥，等，2018．不同有机肥用量对大豆植株生长及产量的影响［J］．大豆科学，37（4）：578-584.

韦伟，徐保成，王丽华，2023．大豆制种田种植技术和病虫害防治的思考［J］．种子科技，41（21）：74-76.

谢甫缇，2010．大豆栽培技术［M］．东北大学出版社.

颜世凡，赵伟辉，2014．大豆苗期管理及施肥技术要点［J］．农业与技术，34（7）：91.

杨宁艳，张峰举，刘吉利，等，2024．增温与灌溉对大豆水分利用效率与产量及产量构成因素的影响［J］．江苏农业科学，52（1）：56-62.

曾凯，战勇，张恒斌，等，2023．新疆春大豆膜下滴灌高产栽培技术［J］．新疆农垦科技，46（5）：16-17.

张恒斌，战勇，曾凯，等，2024．北疆地区春大豆规模化高产栽培技术［J］．大豆科技（1）：46-49.

张洁，田文仲，黄向荣，等，2024．半湿润偏旱区水肥耦合对大豆产量的影响［J］．西北农业学报，33（3）：469-476.

张婷，2023．大豆高产栽培技术分析［J］．种子科技，41（22）：67-69.

赵景云，许海涛，刘志强，等，2023．不同肥水供给模式对高蛋白大豆干物质累积、氮素代谢、产量及品质的影响［J］．大豆科学，42（4）：432-440.

赵珺，2019．夏大豆苗期田间管理技术［J］．河北农业（6）：6-7.

赵丽红，2018. 论东北地区无公害大豆优质高产栽培法 ［J］. 农民致富之
　　友（19）：98.

赵双进，张孟臣，杨春燕，等，2002. 栽培因子对大豆生长发育及群体产
　　量的影响——Ⅰ. 播期、密度、行株距（配置方式）对产量的影响
　　［J］. 中国油料作物学报（4）：31-34.

周顺启，2016. 大豆种植技术现状与方法探讨 ［J］. 现代农业科技（24）：
　　60-61.